Untersuchungen zur Rolle des Glucosinolat-Myrosinase-Systems in Pflanzen-Insekten-Interaktionen

Untersuchungen zur Rolle des Glucosinolat-Myrosinase-Systems in Pflanzen-Insekten-Interaktionen

Von der Fakultät für Lebenswissenschaften
der Technischen Universität Carolo-Wilhelmina
zu Braunschweig
zur Erlangung des Grades eines
Doktors der Naturwissenschaften
(Dr. rer. nat.)
genehmigte

D i s s e r t a t i o n

von René Müller
aus Holzminden

Bibliografische Information der Deutschen Nationalbibliothek
Die Deutsche Nationalbibliothek verzeichnet diese Publikation in der Deutschen Nationalbibliografie; detaillierte bibliografische Daten sind im Internet über http://dnb.d-nb.de abrufbar.
1. Aufl. - Göttingen : Cuvillier, 2012
Zugl.: (TU) Braunschweig, Univ., Diss., 2012

978-3-95404-297-5

1. Referentin: Professorin Dr. Ute Wittstock
2. Referentin: Professorin Dr. Caroline Müller

eingereicht am: 14.12.2011
mündliche Prüfung (Disputation) am: 23.03.2012

Druckjahr 2012

Dissertation an der Technischen Universität Braunschweig, Fakultät für Lebenswissenschaften

Nonnenstieg 8, 37075 Göttingen
Telefon: 0551-54724-0
Telefax: 0551-54724-21
www.cuvillier.de

1. Auflage, 2012
Gedruckt auf säurefreiem Papier

978-3-95404-297-5

Vorveröffentlichungen der Dissertation

Teilergebnisse aus dieser Arbeit wurden mit Genehmigung der Fakultät für Lebenswissenschaften, vertreten durch die Mentorin der Arbeit, in folgenden Beiträgen vorab veröffentlicht:

Publikationen

Müller R., de Vos M., Sønderby I., Halkier B., Wittstock U., Jander G.: Differential Effects of Indole and Aliphatic Glucosinolates on Lepidopteran Herbivores. Journal of Chemical Ecology 36: 905-913 (2010)

Burow M., Losansky A., Müller R., Plock A., Kliebenstein D., Wittstock U.: The Genetic Basis of Constitutive and Herbivore-Induced ESP-Independent Nitrile Formation in Arabidopsis. Plant Physiology 149: 561-574 (2009)

Tagungsbeiträge

Müller R., de Vos M., Sønderby I., Halkier B., Wittstock U., Jander G.: Differential Effects of Indole and Aliphatic Glucosinolates on Lepidopteran Herbivores. 2. Internationale Glucosinolat-Konferenz, Kopenhagen (2009)

Danksagung

An erster Stelle bedanke ich mich bei meiner Mentorin Prof. Dr. Ute Wittstock für die Möglichkeit, dieses interessante Thema nach meiner Diplomarbeit weiter bearbeiten zu können und viel Neues zu lernen, sowie für die vielen guten Diskussionen, Vor- und Ratschläge.

Vielen Dank auch an Prof. Dr. Caroline Müller für die freundliche Übernahme des Koreferats.

Bei Prof. Dr. Georg Jander, Dr. Martin de Vos, Dr. Joel Sun, Dr. Ida Sønderby und Prof. Dr. Barbara Halkier möchte ich mich für die interessante und fruchtbare Kooperation bedanken.

Dr. Einar Stauber, Dr. Meike Burow und Dr. Leif Barleben danke ich für ihre investierte Zeit und die vielen hilfreichen Diskussionen.

Bei Dr. Till Beuerle möchte ich mich für seine Hilfe bei der Analytik und auch im Praktikum bedanken, bei Dr. Rainer Lindigkeit für seine schnellen Lösungen bei technischen und anderen Problemen.

Danke an alle Technischen Assistentinnen: Loretta Heise für die Pflege der Pflanzen und Insekten sowie für die Hilfe bei den vielen Analysen, Anita Backenköhler für unzählige Tips und Ratschläge im Labor, Claudine Theuring für ihren enormen Erfahrungsschatz der Analytik. Dank auch an Burkhard Bohne und seinen Mitarbeitern für die Hilfe beim Aufbau der Pflanzenzucht.

Dr. Inis Winde und Dr. Andreas Reimann danke ich herzlich für ihre Freundschaft, Kraft und Unterstützung, weiterhin Anja Losansky, Jennifer Kuchernig und allen anderen Mitarbeitern für die gute Zeit und das nette Arbeitsklima am Institut.

Meinen Freunden und insbesondere meiner Familie danke ich für nie versiegende Zuversicht, Vertrauen und Aufmunterung.

Als Letztes danke ich den vielen, unfreiwilligen und verstorbenen Versuchsteilnehmern von *Pieris rapae*, *Spodoptera exigua* und *Arabidopsis thaliana* (tut mir leid).

Für

Heinrich Ebeling

Inhaltsverzeichnis

Abkürzungsverzeichnis

AG	Arbeitsgruppe
ANOVA	Analysis of variance (Varianzanalyse)
CaMV	Cauliflower-Mosaikvirus
Col-0	*Arabidopsis thaliana* Ökotyp Columbia-0
Cvi	*Arabidopsis thaliana* Ökotyp Cap Verde Islands
DEAE	Diethylaminoethyl
DMAPP	Dimethylallylpyrophosphat
dNTP	Desoxyribonukleosidtriphosphat
EDTA	Ethylendiamintetraessigsäure
ESP	Epithiospezifizierendes Protein
GC-MS	Gaschromatographie mit massenspektrometrischer Detektion
HPLC	Hochleistungsflüssigkeitschromatographie
IPP	Isopentenylpyrophosphat
LC-MS	Flüssigchromatographie mit massenspektrometrischer Detektion
L*er*	*Arabidopsis thaliana* Ökotyp Landsberg *erecta*
MEP	2-C-Methyl-D-Erythritol-4-Phosphat
MES	2-Morpholinoethansulfonsäure-Monohydrat
n.d.	nicht detektiert
NSP	Nitrilspezifizierendes Protein
PCR	Polymerase-Kettenreaktion

RF	Responsefaktor
RT	Reverse Transkriptase
SDS	Natriumdodecylsulfat
T-DNA	transferierte Desoxyribonucleinsäure
TFP	Thiocyanatformendes Protein
TRIS	Tris(hydroxymethyl)-aminomethan
UTR	nicht-translatierte Region
g	g-Faktor der Zentrifugalbeschleunigung, 1g ≈ 9,81 m/s^2
M	mol/l; molare Masse
% (vol/vol)	Volumenprozent (Volumen pro Volumen)
% (w/vol)	Massenprozent (Gewicht pro Volumen)

1. Einleitung

1.1 Verteidigungsstrategien von Pflanzen

Pflanzen sind im Laufe ihres Lebens vielen Umweltfaktoren ausgesetzt, die sich negativ auf ihr Überleben oder ihre Reproduktion auswirken können. Dazu zählen Wettereinflüsse und Standortbedingungen wie Temperatur, Feuchtigkeit, Nährstoffverfügbarkeit, mechanische Belastungen und Lichtintensität (Mittler, 2006), aber auch biotische Faktoren wie Symbiosen, Parasitismus, zwischen- oder innerartliche Konkurrenzsituationen und Herbivorie durch verschiedene Insekten- oder andere Tierarten (Thomas et al., 2002).

Der Herbivorie kommt hierbei eine besondere Bedeutung zu. Pflanzen, die als autotrophe Primärproduzenten CO_2 aus der Luft als Kohlenstoffquelle nutzen können, stellen für herbivore heterotrophe Organismen, die die zum Wachstum benötigten Kohlenstoff- und Stickstoffverbindungen mit ihrer Nahrung aufnehmen müssen, eine fast allgegenwärtige und leicht verfügbare Beute dar (Harborne, 1995). Wird die Pflanze durch Herbivorie beschädigt, verliert sie durch fehlende Blattmasse die zur eigenen Energiegewinnung wichtige Photosynthesefläche und in Speicherorganen eingelagerte Nährstoffe, wodurch das weitere Wachstum oder die Reproduktion negativ beeinflusst wird (Zangerl et al., 2002). Im Extremfall kann die gesamte Pflanze dem Herbivoren zum Opfer fallen. Doch nicht nur der Verlust der Blattfläche bedroht die Pflanze, saugende Organismen wie Blattläuse können die Nährstoffe direkt aus den Leitgefäßen entnehmen und dabei schädliche Viren übertragen (Ng und Perry, 2004). Dazu kommen Angriffe durch Mikroorganismen, die in die Pflanze eindringen und Gewebe zerstören können.

Gegenüber diesen zahlreichen Bedrohungen ist die Pflanze jedoch nicht wehrlos. Unsere Welt ist weiterhin grün, was nahelegt, dass die Herbivoren in ihrer Zahl und Aktivität eingeschränkt sind und nicht ihre eigene Nahrungsgrundlage zerstören (Hairston et al., 1960). Wichtige Faktoren für das Entstehen dieses Gleichgewichts können Fraßfeinde der Herbivoren, Konkurrenz um Ressourcen, aber auch Abwehrmaßnahmen der Pflanzen sein („green world hypothesis", Hairston et al., 1960). Pflanzen, die eine erhöhte Widerstandsfähigkeit entwickeln, erhalten sich mehr Photosynthesefläche und Nährstoffe als schlechter verteidigte Artgenossen, überleben besser und reproduzieren sich als Konsequenz erfolgreicher. Da dies einen Vorteil gegenüber Konkurrenten darstellt, sind im Laufe der Evolution viele verschiedene Verteidigungsstrategien gegen Herbivoren entstanden (Strauss und Agrawal, 1999).

Pflanzen haben als ortsgebundene Lebewesen keine Möglichkeit zur räumlichen Flucht. Daher haben sich andere Mechanismen ausgebildet, um Schaden zu begrenzen. Beispielsweise ist ein „zeitliches Flüchten" der Pflanze möglich, d. h. die Reproduktion der Pflanze findet statt, bevor Fraßfeinde in großer Zahl auftreten (Kawagoe und Kudoh, 2010). So wird möglicher Herbivorenfraß minimiert, dies setzt jedoch schnelles Wachstum bis zur Samenreife voraus.

Weitere Verteidigungsstrategien lassen sich in physikalische und chemische Methoden unterteilen. Physikalische Abwehrstrukturen stellen z. B. Barrieren wie verstärkte Zellwände dar, welche das Eindringen von phytopathogenen Pilzen erschweren oder Blattläuse beim Einführen des Stechrüssels behindern können (Lucas et al., 2000; Divol et al., 2007). Starke Ausbildung von Trichomen, zum Teil auch mit Silikaten verstärkt, schränkt die Mobilität von Insekten ein (Valverde et al., 2001), während Stacheln und Dornen auch zur Abwehr herbivorer Säugetiere geeignet sind (Belovsky et al., 1991).

Zusätzlich können Pflanzen sekundäre Pflanzenstoffe produzieren, welche nicht für die grundlegenden Lebensprozesse der Pflanze nötig sind. Diese können als Verteidigungs- und Kommunikationssubstanzen genutzt werden und vielfältige Möglichkeiten zur Abwehr von unterschiedlichen Fraßfeinden bieten (Hartmann, 2007).

1.2 Die Bedeutung der strukturellen Diversität bei pflanzlichen Sekundärstoffen

Im Laufe der Evolution haben Pflanzen in Wechselwirkung mit anderen Organismen eine enorme Vielfalt an Sekundärstoffen entwickelt. Die Bedeutung dieser Diversität soll im Folgenden am Beispiel der Terpene näher erläutert werden. Terpene stellen neben den toxischen Alkaloiden und den unter anderem für die Blütenfarbe verantwortlichen Flavonoiden die größte Stoffgruppe der pflanzlichen Sekundärstoffe. Bisher sind etwa 30000 Verbindungen charakterisiert worden (Conolly und Hill 1991, zitiert in Degenhardt et al., 2009). Erstmals aus dem namensgebenden Harz Terpentin isoliert, baut ihre vielfältige Struktur auf C_5-

Isopreneinheiten auf [Abb. 1]. Während der Biosynthese werden Terpene als Polymere aus den Grundbausteinen Dimethylallylpyrophosphat (DMAPP) und dessen Isomer Isopentenylpyrophosphat (IPP) synthetisiert. Beide Vorstufen können unabhängig voneinander über zwei verschiedene Biosynthesewege gebildet werden. Der Mevalonatweg im Cytosol führt, mit Acetyl-CoA als Ausgangsverbindung, vorwiegend zur Bildung von IPP und DMAPP für Sesqui- (C_{15}) und Triterpene (C_{30}) (Croteau und Loomis, 1972, 1973). Bei dem später entdeckten MEP(2-C-Methyl-D-Erythritol-4-Phosphat)-Weg werden in den Plastiden DMAPP und IPP aus Pyruvat und Glycerinaldehyd-3-Phosphat synthetisiert (Rohmer, 1999). Diese dienen nachfolgend als Bausteine für hauptsächlich Mono- (C_{10}), Di- (C_{20}) und Tetraterpene (C_{40}). Zwischen den beiden Biosynthesewegen ist jedoch auch ein Stoffaustausch von IPP möglich (Dudareva et al., 2005). Weitere Modifikationen der Terpene durch Terpensynthasen, Dehydrogenasen, Reduktasen, P450-Hydroxylasen und Methyltransferasen führen schließlich zu der enormen Vielfalt dieser Stoffgruppe. Die Produktion von Terpenen kann konstitutiv erfolgen oder durch Signalmoleküle induziert werden (Erbilgin et al., 2006).

Die meisten Terpene sind lipophil. Die leicht flüchtigen Mono- und Sesquiterpene wie Pinen und Caryophyllen [Abb. 1] finden sich bei Pflanzen als Hauptbestandteil von ätherischen Ölen, die weniger flüchtigen Diterpene wie z. B. Abietinsäure [Abb. 1] kommen in Baumharzen vor. Terpene können aufgrund ihrer Strukturvielfalt eine Vielzahl von Funktionen übernehmen, welche nachfolgend beschrieben werden.

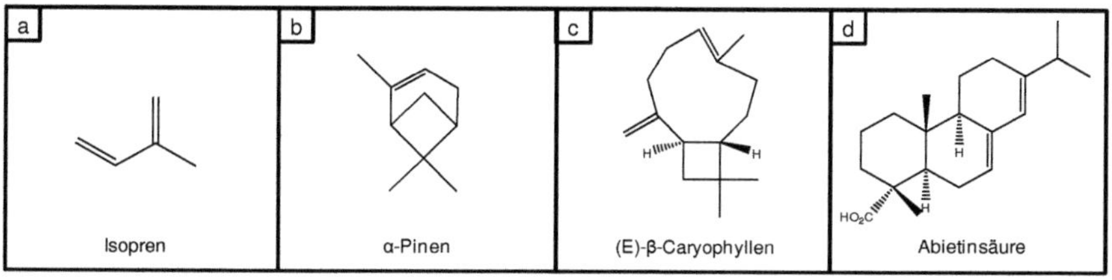

Abb. 1: Strukturen der Terpene

a): C_5-Grundstruktur; Strukturbeispiel für b): C_{10}-Monoterpene, c): C_{15}-Sesquiterpene, d): C_{20}-Diterpene

Gegenüber vielen Organismengruppen wie Insekten, Nematoden und Pilzen haben sich Terpene als giftig herausgestellt (Dambolena et al., 2008; Abdelgaleil et al., 2009; Ntalli et al., 2010). Auch eine abschreckende Wirkung konnte bei Insekten, Mollusken und Säugetieren beobachtet werden (Frank et al., 2002; Müller, 2002; Stefanazzi et al., 2011). Monoterpenester wie die aus Chrysanthemen isolierte Pyrethroide wirken schädigend auf das Nervensystem von Insekten (Soderlund, 2011). Diese Verbindungen werden, wie auch das aus den Samen des Niembaums *Azadirachta indica* A. Juss. (Meliaceae) gewonnene Tetranortriterpenoid Azadirachtin, welches die Larvalentwicklung von Insekten hemmt (Morgan, 2009), inzwischen auch kommerziell erfolgreich als natürliche Insektizide eingesetzt. Terpene können somit in Pflanzen wesentliche Verteidigungsfunktionen erfüllen.

Durch Verwendung von modernen Analysemethoden wie Gaschromatographie mit massenspektrometrischer Detektion (GC-MS) konnten inzwischen die leicht flüchtigen Mono- und Sesquiterpene näher untersucht werden, welche von der Pflanze auch zur Kommunikation genutzt werden. Von Pflanzen durch von Insekten verursachten Blattfraß freigesetzt, kann durch Anlocken von Prädatoren der Herbivoren die eigene Verteidigung unterstützt werden. Von *Spodoptera exigua* (Lepidoptera: Noctuidae) befallene Maispflanzen setzen eine Mischung aus verschiedenen Terpenen frei, welche attraktiv auf den Parasitoiden *Cotesia marginiventris* (Hymenoptera: Braconidae), einem Fraßfeind von *S. exigua*, wirkt (Turlings und Tumlinson, 1992). Ein solcher Hilferuf kann sogar unterirdisch erfolgen. Von Larven des Westlichen Maiswurzelbohrer, *Diabrotica virgifera virgifera* (Coleoptera: Chrysomelidae), beschädigte Maiswurzeln produzieren das Sesquiterpen (E)-β-Caryophyllen [Abb. 1], welches einen Fraßfeind der Larven, den Nematoden *Heterorhabditis megidis* (Rhabditida: Heterorhabditidae) anlockt (Rasmann et al., 2005). Kommunikation mittels Duftstoffe kann auch zwischen Pflanzenorganen erfolgen. Durch den Schwammspinner, *Lymantria dispar* (Lepidoptera: Noctuidae), beschädigte Blätter der Pappel, *Populus deltoides x nigra* (Salicaceae), setzen eine Mischung aus Terpenen frei. Diese wird von unbeschädigten Blättern detektiert, welche daraufhin vermehrt Terpene produzieren und somit gegen Angriffe durch Herbivoren besser geschützt sind (Frost et al., 2007). Auch benachbarte Pflanzen könnten durch Terpenfreisetzung gewarnt und so auf bevorstehende Herbivorenangriffe vorbereitet werden. In Experimenten mit der Spinnmilbe *Tetranychus urticae* (Arachnida: Tetranychidae) konnte festgestellt werden, daß befressene Pflanzen der Limabohne, *Phaseolus lunatus* L. (Fabaceae), eine Mischung aus Duftstoffen freisetzen, welche hauptsächlich aus Terpenenverbindungen besteht. Diese können bei unbeschädigten Pflanzen verschiedene Verteidigungsgene aktivieren (Arimura et al., 2000). Terpene wie Limonen oder Pinen sind charakteristische Bestandteile von Blütenduft (Knudsen et al., 2006) und können eine wichtige Rolle bei der Anlockung von Bestäubern spielen.

Auch die umgebende Lebensgemeinschaft von Pflanzen, welche Terpene produzieren, kann durch diese Sekundärstoffe entscheidend beeinflusst werden. Terpene können Keimung und Wachstum von anderen Pflanzen hemmen, was sowohl konkurrierende Arten behindern, als auch das Wachstum der eigenen Art steuern kann. Der Beifuß, *Artemisia californica* Less. (Asteraceae), und die Salbeiart *Salvia leucophylla* Greene (Lamiaceae) produzieren verschiedene Terpene wie Cineol und Campher, welche in den Boden gelangen und in niederschlagsarmen Gebieten dort verbleiben können. Diese hemmen das Wachstum von anderen Pflanzenarten derart, dass sich in direktem Umkreis dieser Pflanzen kahle Flächen ohne weiteren Bewuchs bilden können (Romagni et al., 2000).

In Harzen können Terpene neben ihrer giftigen und abschreckenden Wirkung noch weitere Funktionen wie den Aufbau von mechanischen Barrieren übernehmen. Gegen Herbivoren und Pilze wirksame Monoterpene wie z. B. Pinen [Abb. 1] kommen dort zusammen mit giftigen und abschreckenden Diterpenensäuren wie Abietinsäure [Abb. 1] vor. Bei Gewebeverletzung könnten die niedermolekularen Monoterpene den Transport der hochmolekularen Diterpene zur Wunde beschleunigen, welche dort bei Kontakt mit Sauerstoff polymerisieren und die Schadstelle versiegeln (Phillips und Croteau, 1999). Bei diesem Vorgang können auch Schadorganismen im aushärtenden Harz immobilisiert werden. Als gefährliche Baumschädlinge haben sich Borkenkäferarten wie z. B. *Ips typographus* (Coleoptera: Curculionidae) und *Dendroctonus brevicomis* (Coleoptera: Curculionidae) erwiesen, welche nach Massenvermehrung große Baumbestände befallen und vernichten können. Das von geschädigten Exemplaren der Ponderosa-Kiefer, *Pinus ponderosa* Douglas ex P. ex C. Laws (Pinaceae), produzierte Harz enthält zahlreiche flüchtige Monoterpene und wirkt attraktiv auf *D. brevicomis* (Wood, 1982). Nach der Erstbesiedlung werden von den Käfern Aggregationspheromone produziert, welche weitere Artgenossen anlocken. Diese Verbindungen können auch aus Terpenen der Wirtspflanze gebildet werden, möglicherweise als Resultat einer Entgiftungsstrategie der Herbivoren. *I. typographus* nutzt für die Produktion des Aggregationspheromons (+)-cis-Verbenol das Terpen (+)-α-Pinen seiner Wirtspflanze, der Gemeinen Fichte, *Picea abies* (L.) H. Karst. (Pinaceae) (Phillips und Croteau, 1999). Andere Pheromone wie das von *D. brevicomis* aus pflanzlichem Myrcen gebildete (+)-Ipsdienol wirken abstoßend auf die Käfer und verhindern weitere Besiedlung der Wirtspflanze (Byers, 1982). Eine andere gut untersuchte Wechselbeziehung zwischen spezialisiertem Herbivor und terpenhaltiger Wirtspflanze besteht zwischen den Maulbeerbäumen *Morus nigra* L. und *M. alba* L. (Moraceae) und dem Seidenspinner *Bombyx mori* (Lepidoptera: Bombycidae), welcher von Terpenen als Lockstoff zum Auffinden seiner Nahrungspflanze abhängig ist (Hamamura, 1959).

Auch Insekten können Terpene zur Verteidigung nutzen, indem sie die Wirkstoffe aus ihrer pflanzlichen Nahrung aufnehmen oder auch selber produzieren. Die Larven der Roten Kiefernbuschhornblattwespe, *Neodiprion sertifer* (Hymenoptera: Diprionidae), wehren Fraßfeinde mit einem Sekret aus pflanzlichen Terpenen ab (Eisner et al., 1974).

Die Diversität der Terpene ist besonders bedeutsam, wenn von der Pflanze nicht nur einzelne Terpene genutzt, sondern, wie in Harzen, mehrere in Mischungen eingesetzt werden. So lassen sich die vorteilhaften Wirkungen kombinieren. Bei Kommunikationen sind so spezifischere Signale oder die Codierung von verschiedenen Nachrichten möglich. Auch die Abwehr von Herbivoren kann gestärkt werden, da Anpassungen gegen mehrere Verteidigungssubstanzen weniger wahrscheinlich sind. So können verschiedene Terpene, welche gegen unterschiedliche Schadorganismen wie z. B. Pilze, Insekten oder Säugetiere wirksam sind, in einer Pflanze gespeichert werden, was für einen Schutz gegen ein breites Spektrum von Fraßfeinden sorgt. Die Wirkung von einzelnen Terpenen kann darüber hinaus in Mischungen verstärkt werden. In Experimenten mit *Spodoptera litura* (Lepidoptera: Noctuidae) wurde der toxische Effekt einer Kombination aus zwei Monoterpenen zum Vergleich einer additiven Wirkung zehnfach verstärkt (Hummelbrunner und Isman, 2001).

1.3 Pflanzen in Koevolution mit Herbivoren

Gut verteidigte Pflanzen üben einen Selektionsdruck auf die herbivoren Organismen aus, die ihrerseits Gegenstrategien entwickeln, um diese Pflanzen dennoch als Nahrungsquelle nutzen zu können. Oligo- oder monophage Insekten, die ein sehr begrenztes Wirtspflanzenspektrum von wenigen Arten oder sogar nur einer Art haben, können hochspezialisierte Anpassungen wie z. B. spezifische Entgiftungsmechanismen nutzen, um die chemische Verteidigung zu überwinden oder zu umgehen (Holzinger et al., 1992; Hartmann et al., 1999; Winde und Wittstock, 2011). Dies kann ihnen auf den Wirtspflanzen einen entscheidenden Vorteil gegenüber weniger angepassten generalistischen Insekten einbringen. Als Folge des hohen Spezialisierungsgrades sind diese Herbivoren jedoch stark vom Vorkommen und von der Verteilung ihrer Wirtspflanze abhängig. Direkte Abwehrmechanismen der Pflanze sind gegen diese Herbivoren aufgrund ihrer besonderen Anpassung häufig nicht erfolgreich. Es können jedoch als indirekte Abwehr auch flüchtige Stoffe freigesetzt werden, welche von Prädatoren der Herbivoren detektiert werden können und sie so zu ihrer Beute führen (Kessler und Baldwin, 2002; Dicke und Baldwin, 2010; Erb et al., 2010). Diese Stoffe können auch von anderen Pflanzen erkannt werden und Abwehrmechanismen aktivieren (Karban et al., 2003; Kessler et al., 2006).

Generalisten, welche ein breites Angebot an Wirtspflanzen nutzen, können ihre Nahrung flexibler auswählen, sind aber ohne spezielle Anpassungen anfälliger für die verschiedenen Verteidigungsstoffe der Wirtspflanzen. Ist eine kritische Menge an Pflanzenmaterial aufgenommen, ist ein Wechsel der Wirtspflanze nötig. Während dieser zeit- und energieaufwändigen Suche nach neuer Nahrung sind Generalisten gegenüber ihren Fraßfeinden stärker exponiert (Bernays, 1988; Bernays und Minkenberg, 1997).

Der Selektionsdruck der Pflanzen wirkt somit sowohl auf Generalisten als auch auf Spezialisten, wobei immer die Herbivoren die höchste Fitness haben, die am erfolgreichsten die Verteidigungsmechanismen der Pflanzen ausschalten oder umgehen können. Es ergibt sich daraus ein Wechselspiel aus Strategie und Gegenstrategie. Wird von einer Seite eine wirksame Anpassung entwickelt, vergrößert sich der Selektionsdruck auf die Gegenseite, woraufhin dieser Vorteil ausgeglichen und ein eigener Vorsprung ausgebaut wird, so dass schließlich der Selektionsdruck wieder entgegengesetzt wirkt (Lankau, 2007). Aufgrund der Ähnlichkeit dieses Vorgangs zur Entwicklung der Waffentechnik wird er „evolutionäres Wettrüsten“ oder „*evolutionary arms race*“ genannt (Ehrlich und Raven, 1964).

Der Aufbau von Verteidigungsmechanismen ist jedoch für die Pflanze mit Kosten in Form von Energie und Nährstoffen verbunden, die dann nicht mehr in Wachstum und Fortpflanzung investiert werden können (Heil, 2002; Strauss et al., 2002). Chemische Verteidigung ist daher nur bei optimalem Kosten-Nutzen-Gleichgewicht sinnvoll, um die eigenen Überlebenschancen und die der Nachkommen zu maximieren (Ito und Sakai, 2009). Dies kann abhängig von den jeweiligen Umweltbedingungen auf unterschiedliche Weise erreicht werden (Coley et al., 1985).

Wird eine Pflanze permanent durch Herbivoren bedroht, kann es von Vorteil sein, ständig Abwehrstoffe bereitzustellen. Bei dieser sogenannten konstitutiven Abwehr müssen jedoch kontinuierlich Verteidigungsstoffe synthetisiert und gelagert werden, was für die Pflanze sehr kostenintensiv sein kann (Herms und Mattson, 1992) und zusätzlich mit Gefahr durch Autotoxizität der Abwehrsubstanzen verbunden ist (Wittstock und Gershenzon, 2002). Ist eine Pflanze nur selten Angriffen von Herbivoren ausgesetzt, werden diese Kosten verringert, indem sie Abwehrsubstanzen erst dann produziert, wenn sie auch benötigt werden. Diese durch die Herbivoren induzierte Abwehr schließt eine Signaltransduktionskette ein und benötigt eine gewisse Reaktionszeit der Pflanze, in der sie ihren Fraßfeinden relativ schutzlos ausgesetzt ist (Sequeira, 1983; Kessler und Baldwin, 2001).

In einer Kombination aus konstitutiver und induzierter Abwehr werden von der Pflanze relativ kostengünstige inaktive Vorstufen von Abwehrstoffen produziert und gelagert, diese jedoch erst durch den Herbivoren in biologisch aktive Komponenten umgewandelt (Wittstock und Gershenzon, 2002). Diese Möglichkeit bezeichnet man als aktivierte chemische Verteidigung oder „chemische Bombe". Beispiele für die aktivierte Abwehr sind der enzymatische Abbau von cyanogenen Glycosiden unter Freisetzung von Blausäure (Vetter, 2000) sowie das im Folgenden vorgestellte Glucosinolat-Myrosinase-System (Halkier und Gershenzon, 2006) [Abb. 2], [Abb. 3].

1.4 Das Glucosinolat-Myrosinase-System

1.4.1 Vorkommen, Aufbau und Bedeutung

Das Glucosinolat-Myrosinase-System kommt bei Pflanzen der Ordnung Capparales, darunter bei den Familien Brassicaceae, Resedaceae und Capparidaceae vor (Rodman et al., 1996). Zu den Brassicaceae gehören viele wichtige Nutzpflanzen wie Raps, Kohl, Senf, Rettich, Radieschen und Meerrettich sowie der Modellorganismus *Arabidopsis thaliana* L. (Brassicaceae).

Das System besteht aus zwei Hauptkomponenten, den Glucosinolaten und ihren hydrolytischen Enzymen, den Myrosinasen. Glucosinolate oder Senfölglucoside sind Thioglucoside, die an einem Grundgerüst [Abb. 2] unterschiedliche Seitenketten tragen. Der Aufbau dieser Seitenketten wird durch die Struktur der Aminosäuren bestimmt, die als Vorstufen in die Biosynthese der Glucosinolate eingehen [Tab. 1] (Fahey et al., 2001; Mithen, 2001). Durch Modifikationen der Aminosäuren wie Kettenverlängerung sowie sekundäre Seitenkettenveränderungen der synthetisierten Glucosinolate ergibt sich aus nur acht in die Biosynthese eingehenden proteinogenen Aminosäuren eine enorme strukturelle Vielfalt. Bisher sind mehr als 120 verschiedene Glucosinolate beschrieben worden (Fahey et al., 2001).

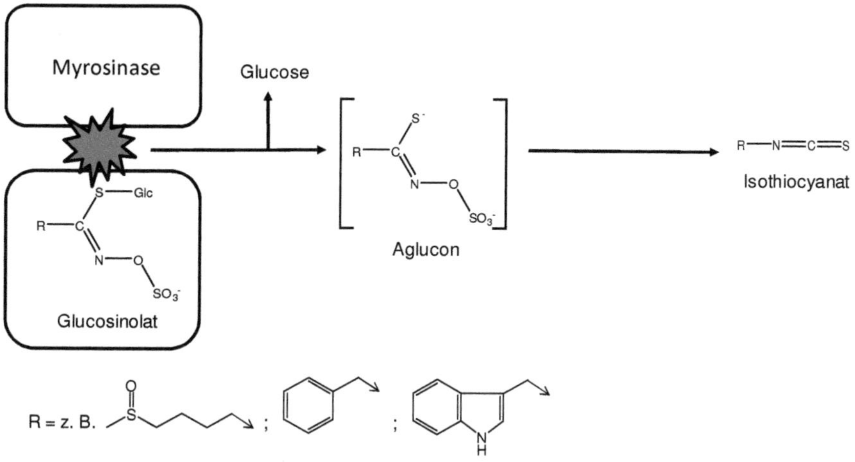

Abb. 2: Vereinfachte Darstellung des Glucosinolat-Myrosinase-Systems

Kommen Myrosinase und Glucosinolat (mit aliphatischer, aromatischer oder indolischer Seitenkette) durch Gewebeschädigung in Kontakt, führt die Hydrolysereaktion unter Abspaltung von Glucose zum instabilen Aglycon, welches sich spontan zu Isothiocyanaten umlagert.

Tab. 1: Aminosäuren mit unterschiedlicher Seitenkette als Ausgangsverbindung der Glucosinolat-Biosynthese

Glucosinolate lassen sich abhängig von der Seitenkette der als Vorstufe dienenden Aminosäure in verschiedene Gruppen einteilen. In *A. thaliana* werden aus Methionin aliphatische, aus Phenylalanin aromatische und aus Tryptophan indolische Glucosinolate gebildet.

	aliphatische Seitenkette	aromatische Seitenkette	indolische Seitenkette
Aminosäure	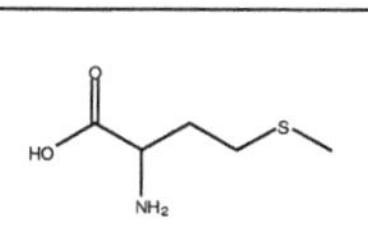 Methionin	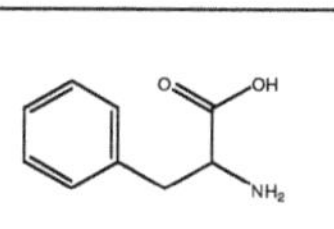 Phenylalanin	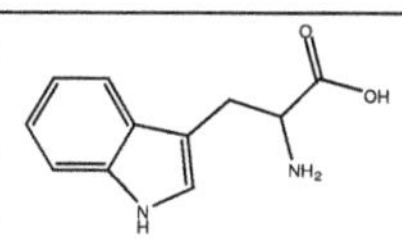 Tryptophan
Glucosinolat-Strukturbeispiel	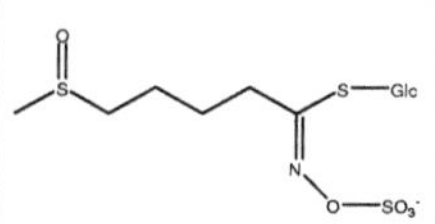 4-Methylsulfinylbutylglucosinolat	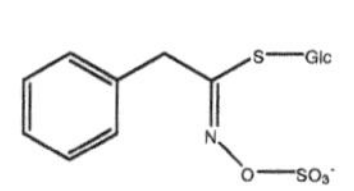 Benzylglucosinolat	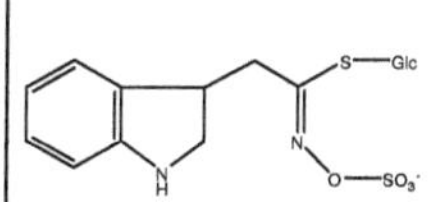 Indol-3-ylmethylglucosinolat

Glucosinolate und Myrosinase liegen im intakten Pflanzengewebe kompartimentiert vor und können zunächst nicht miteinander reagieren (Rask et al., 2000). Somit wird die vorzeitige Hydrolyse der Glucosinolate und damit eine Selbstvergiftung der Pflanze verhindert. In Blütenstängeln von *A. thaliana* wurde die Myrosinase in Idioblasten des Phloemparenchyms und in Schließzellen gefunden (Husebye et al., 2002), Glucosinolate in schwefelreichen „S-Zellen" in direkter Nachbarschaft des Phloems (Koroleva et al., 2000). In Keimlingen vom Braunen Senf, *Brassica juncea* L. (Brassicaceae), dagegen wurden in denselben Zellen sowohl Glucosinolate als auch Myrosinase detektiert (Kelly et al., 1998). Die räumliche Trennung kann somit sowohl auf zellulärer als auch auf subzellulärer Ebene stattfinden.

Wird die Kompartimentierung durch Beschädigung des Pflanzengewebes z. B. durch Herbivoren aufgehoben, kommen Glucosinolate und Myrosinase in Kontakt und bilden als „Senfölbombe" aktive Produkte (Matile, 1980). Dabei wird die thioglucosidische Bindung der Glucosinolate durch die Myrosinase hydrolytisch gespalten, was zur Bildung eines instabilen Aglucons unter Eliminierung von β-D-Glucose führt. Das Aglucon lagert sich spontan zu Isothiocyanaten um [Abb. 2] (Bones und Rossiter, 1996; Rask et al., 2000). Unter bestimmten Bedingungen können andere Produkte gebildet werden [Abb. 3]. Die gebildeten Hydrolyseprodukte sind für viele biologische Wirkungen verantwortlich und bestimmen außerdem maßgeblich den charakteristischen Geschmack und Geruch der Nutzpflanzen aus der Familie der Brassicaceae.

Die Isothiocyanate sind hauptsächlich für die vom Glucosinolat-Myrosinase-System ausgehenden toxischen Effekte verantwortlich und können als Gase, als Kontaktgifte oder erst nach Resorption im Darm wirken. Die Toxizität für viele generalistische und spezialisierte Insekten (Blau et al., 1978; Agrawal und Kurashige, 2003; Wittstock et al., 2003) als auch für andere Organismen wie Nematoden (Buskov et al., 2002), Mikroorganismen (Mithen et al., 1986; Tierens et al., 2001) und Säugetiere (Schmid und Schmid, 1992) ist experimentell nachgewiesen worden. Letzteren kommt durch Verwendung von Rapskuchen aus der Ölproduktion als Futtermittel besondere wirtschaftliche Bedeutung zu (Mawson et al., 1994).

Die Verteidigungsfunktion des Glucosinolat-Myrosinase-Systems ist experimentell auch in Fraßtests mit intakten Pflanzen und generalistischen Herbivoren untersucht worden. So werden z. B. Pflanzen von *B. juncea* mit hohem Glucosinolat- und hohem Myrosinasegehalt durch Larven des Falters *Spodoptera eridania* (Lepidoptera: Noctuidae) weniger stark geschädigt als Pflanzen mit niedrigen Gehalten an Myrosinase und Glucosinolaten (Li et al., 2000). Gegen spezialisierte Insekten sind Glucosinolate jedoch als Verteidigungsmittel durch spezifische Anpassungsmechanismen weitgehend wirkungslos (Müller et al., 2001; Ratzka et

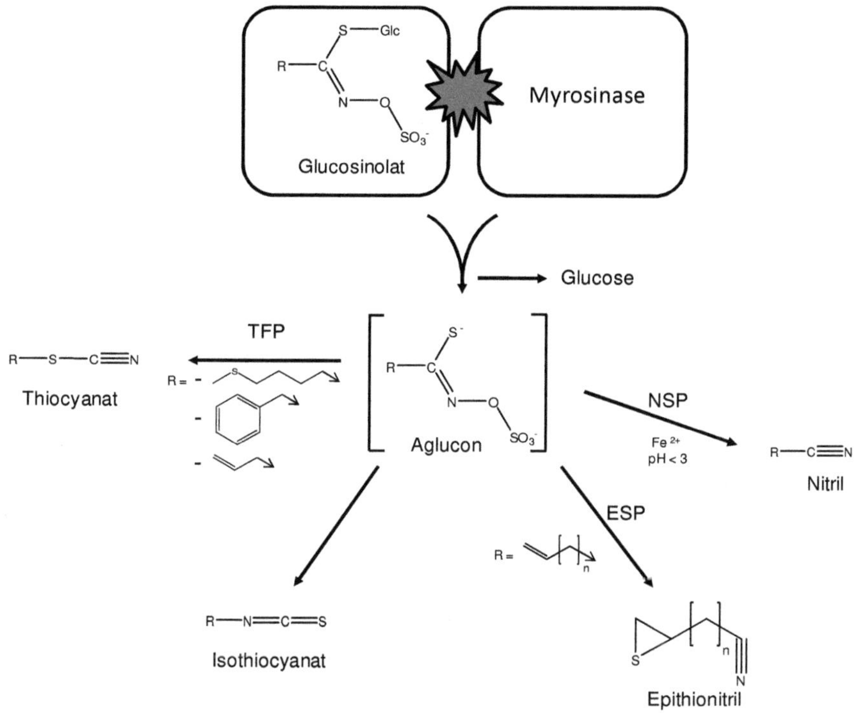

Abb. 3: Das Glucosinolat-Myrosinase-System

Bei Beschädigung des Pflanzengewebes werden Glucosinolate durch Myrosinase hydrolysiert, was zur Freisetzung des Glucoserests und Bildung eines instabilen Aglucons führt. Dieses lagert sich spontan zum Isothiocyanat um, bei niedrigem pH und in Gegenwart von Eisenionen können auch Nitrile entstehen. Unter dem Einfluss spezifizierender Proteine (TFP: Thiocyanatformendes Protein, ESP: Epithiospezifizierendes Protein, NSP: Nitrilspezifizierendes Protein) entstehen anstatt der Isothiocyanate alternative Produkte, nämlich Thiocyanate, Epithionitrile und einfache Nitrile. Thiocyanate können nur bei Anwesenheit von TFPs aus 4-Methylthiobutyl-, Benzyl-, oder Allylglucosinolat gebildet werden, wobei TFPs eine ausgeprägte Substrat- und Produktspezifität aufweisen. ESPs bewirken die Bildung von Epithionitrilen aus Glucosinolaten mit terminaler Doppelbindung. Die Bildung von Epithionitrilen ist auch eine Nebenaktivität von TFPs. Unter Einfluss von NSP entstehen dagegen ausschließlich einfache Nitrile. Einfache Nitrile können in Abhängigkeit von der Glucosinolatstruktur auch als Produkte von ESP- oder TFP-katalysierten Reaktionen entstehen. Indolglucosinolate wurden in dieser Abbildung aufgrund der instabilen Hydrolyseprodukte nicht berücksichtigt.

al., 2002; Wittstock et al., 2004). Herbivoren wie die Larven des Kleinen Kohlweißlings, *Pieris rapae* (Lepidoptera: Pieridae), und der Kohlmotte, *Plutella xylostella* (Lepidoptera: Plutellidae), können die Bildung toxischer Hydrolyseprodukte verhindern. Sie nutzen intakte Glucosinolate sogar als Signalstoffe zur Identifizierung ihrer Wirtspflanzen. In Chemorezeptoren beider Spezialisten rufen Glucosinolate spezifische Antwortreaktionen hervor und wirken fraßstimulierend (van Loon et al., 2002; Miles et al., 2005). Sie sind außerdem bei der Wahl der Wirtspflanze zur Eiablage von Bedeutung (Städler et al., 1995; Sarfraz et al., 2006).

Zusätzlich zu Glucosinolaten und Myrosinase spielen in vielen Pflanzen spezifizierende Proteine eine Rolle bei der Bildung von Hydrolyseprodukten. Diese erstmals aus der Krambe, *Crambe abyssinica* Hochst. ex. R. E. Fries (Brassicaceae), isolierten Proteine (Tookey, 1973) besitzen selbst keine hydrolytische Aktivität. Sie haben jedoch entscheidenden Einfluss auf das Spektrum der gebildeten Hydrolyseprodukte, indem sie die Bildung von Nitrilen, Epithionitrilen oder Thiocyanaten anstelle von Isothiocyanaten bewirken [Abb. 3] (Bernardi et al., 2000; Foo et al., 2000; Lambrix et al., 2001; Matusheski et al., 2006; Burow et al., 2007; Burow et al., 2009). Sie bieten der Pflanze dadurch die Möglichkeit, die Vielfalt der chemischen Strukturen des Verteidigungsarsenals zu erhöhen. Aus einem Glucosinolat können so in Folge der Hydrolysereaktion bis zu vier Produkte entstehen. Das Spektrum der entstehenden Hydrolyseprodukte ist von der Struktur der Glucosinolatseitenkette, Reaktionsbedingungen wie pH-Wert oder Metall-Cofaktoren wie Eisenionen sowie von der Substratspezifität der spezifizierenden Proteine gegenüber den Agluca der unterschiedlichen Glucosinolate abhängig. Die biologische Wirkung der verschiedenen Hydrolyseprodukte, insbesondere der Epithionitrile und Thiocyanate ist nur wenig untersucht. Sie unterscheiden sich jedoch in ihren physikochemischen Eigenschaften, z. B. der Flüchtigkeit, von den Isothiocyanaten, was unterschiedliche Funktionen der Hydrolyseprodukte vermuten lässt. Als Beispiel werden Nitrile gegenüber Isothiocyanaten als weniger giftig angesehen (Wittstock et al., 2003). Daher erscheint es aufgrund des verringerten Schutzes zunächst nicht sinnvoll, sie anstatt der wirksamen Isothiocyanate freizusetzen. Nitrile können jedoch aufgrund ihrer höheren Flüchtigkeit eine Rolle als Botenstoff in tritrophen Interaktionen übernehmen. Der Steuerung der Hydrolysereaktion durch die spezifizierenden Proteine kommt somit eine besondere Rolle bei der Feinjustierung der pflanzlichen Verteidigung zu.

Die strukturelle Vielfalt sowohl der Glucosinolate als auch der möglichen Hydrolyseprodukte wirft Fragen nach ihrer ökologischen Bedeutung auf, welche noch nicht vollständig geklärt sind. Die Untersuchung der biologischen Wirkung und ökologischen Funktion ist experimentell nicht unproblematisch, da der Einsatz von Glucosinolaten und Glucosinolat-Hydrolyseprodukten als Reinsubstanzen in Bioassays die natürlichen Verhältnisse nur unzureichend simuliert. Durch ihren charakteristischen Geruch könnten die Hydrolyseprodukte in einer künstlichen Diät entscheidenden Einfluss auf das Verhalten von Herbivoren haben, natürlicherweise würden sie erst nach der Gewebeverletzung gebildet werden. Die hohe Reaktivität der Isothiocyanate könnte zu Reaktionen mit künstlichen Nahrungsmischungen führen, die ihre Wirksamkeit herabsetzen. Werden die intakten Glucosinolate in Diäten angeboten, kommt es nicht zur Bildung von Hydrolyseprodukten, da Myrosinasen fehlen. Ein kompletter Nachbau des Glucosinolat-Myrosinase-Systems mit künstlicher Diät ist bisher noch nicht realisiert worden. Für Biotests wurde häufig auf intakte Pflanzen zurückgegriffen. Experimente mit verschiedenen Pflanzenarten, die unterschiedliche Profile von Glucosinolaten oder Hydrolyseprodukten aufweisen, sind zwar generell möglich, jedoch unterscheiden sich Pflanzenarten meist auch in anderen Eigenschaften, so dass eine gute Vergleichbarkeit der Experimente nicht gegeben ist.

Durch die Verwendung von *A. thaliana* als Modellpflanze haben sich jedoch neue Ansätze zur Untersuchung der Stukturdiversität von Glucosinolaten und Hydrolyseprodukten ergeben. Das Genom dieser Pflanze ist vollständig sequenziert und der größte Teil der an der Glucosinolat-Biosynthese beteiligten Gene ist bekannt. Mit Hilfe des Bakteriums *Agrobacterium tumefaciens* (Rhizobiales: Rhizobiaceae) sind Transformationen einfach und effizient durchführbar. So steht gegenwärtig eine Vielzahl von Mutanten mit unterschiedlichem Profil von Glucosinolaten und Hydrolyseprodukten für vergleichende Untersuchungen zur Verfügung.

1.4.2 Glucosinolat-Biosynthese in *Arabidopsis thaliana*

Die Manipulation des Glucosinolatprofils zur Untersuchung einzelner Glucosinolatklassen setzt zunächst das Verständnis des Biosyntheseweges voraus, zu dessen Aufklärung Untersuchungen mit *A. thaliana* wesentlich beigetragen haben (Wittstock und Halkier, 2002; Halkier und Gershenzon, 2006; Benderoth et al., 2009; Sønderby et al., 2010).

Ähnlich zur Synthese der cynanogenen Glycoside wird die Glucosinolatgrundstruktur ausgehend von verschiedenen, zum Teil bereits modifizierten Aminosäuren wie z. B. Dihomomethionin gebildet, welche zunächst in Aldoxime umgewandelt werden [Abb. 4] (Wittstock und Halkier, 2002). Dieser Schritt wird abhängig von der Aminosäure durch verschiedene Cytochrom P450-abhängige Monooxigenasen der CYP79-Familie katalysiert. Tryptophan wird durch CYP79B2 und CYP79B3 umgesetzt (Hull et al., 2000; Mikkelsen et al., 2000), modifizierte Methioninderivate durch CYP79F1 und CYP79F2 (Hansen et al., 2001; Chen et al., 2003) und Phenylalanin durch CYP79A2 (Wittstock und Halkier, 2000). Durch gezielte Manipulation dieser CYP79-Enzyme ist es möglich, das Glucosinolatprofil von *A. thaliana* selektiv zu verändern (Wittstock und Halkier, 2000; Zhao et al., 2002; Sønderby et al., 2007; Sun et al., 2009).

Während diese ersten Schritte der Glucosinolat-Biosynthese zum Aldoxim durch Enzyme mit hoher Substratspezifität katalysiert werden, sind die Enzyme der nachfolgenden Schritte weniger spezifisch [Abb. 4]. Nach Abschluss der Synthese der Glucosinolatgrundstruktur können aliphatische Seitenketten durch Oxygenierung, Hydroxylierung, Alkenylierung und Benzoylierung weiter modifiziert werden, indolische Seitenketten durch Hydroxylierung und Methoxylierung (Sønderby et al., 2010).

Die Funktion der unterschiedlichen Seitenketten von Glucosinolaten ist noch nicht vollständig geklärt. Verschiedene *A. thaliana*-Ökotypen weisen zwar durch lokale Anpassungen eine natürliche Variation des Glucosinolatprofils auf (Kliebenstein et al., 2001), sind aber in experimentellen Untersuchungen nur schwer zu vergleichen. Durch genetische Manipulation der Glucosinolat-Biosynthese des Wildtyps Columbia-0 (Col-0) sind jedoch inzwischen spezielle Genotypen von *A. thaliana* mit verändertem Glucosinolatprofil verfügbar, welche eine Möglichkeit zur Durchführung von Experimenten in definierten Modellsystemen bieten.

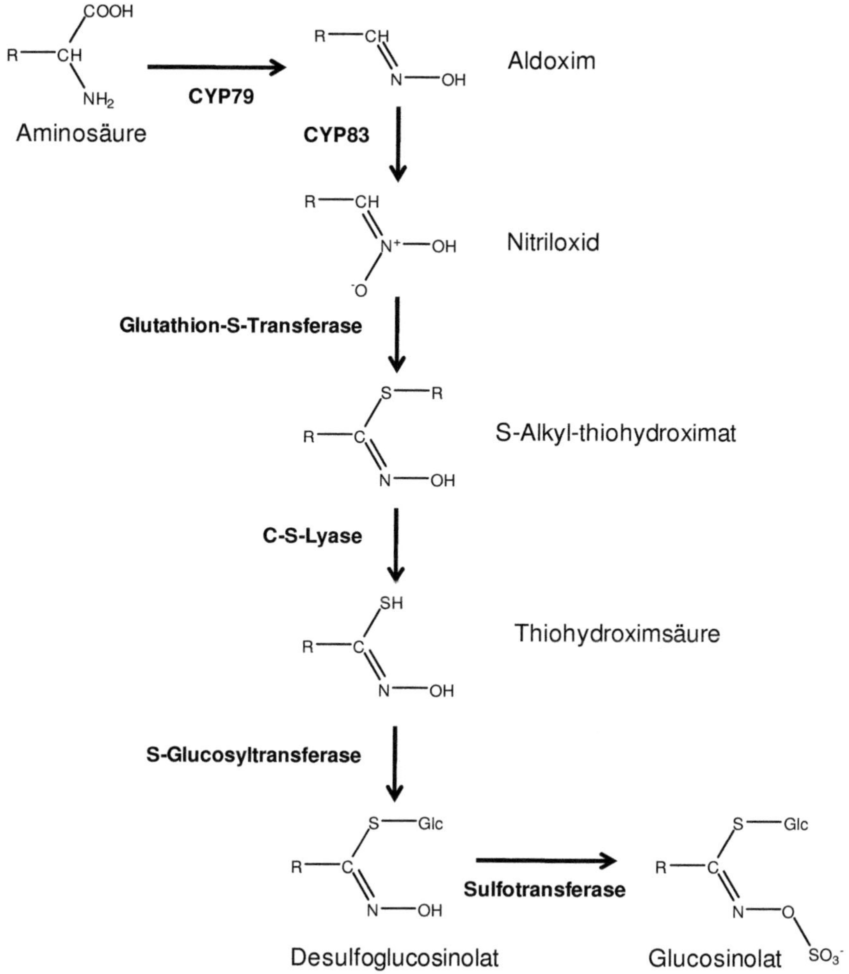

Abb. 4: Biosythese der Glucosinolatgrundstruktur

Wie mit *A. thaliana* demonstriert werden konnte, wird die Ausgangsaminosäure spezifisch durch ein CYP79-Enzym zum Aldoxim umgesetzt, welches in einer durch CYP83-Enzyme katalysierten Reaktion in eine Aci-Nitroverbindung oder ein Nitriloxid umgewandelt wird. Durch eine Glutathion-S-Transferase entsteht mit Glutathion als Schwefeldonor zunächst ein S-Alkyl-Thiohydroximat, welches durch eine C-S-Lyase zur Thiohydroximsäure gespalten wird. Diese wird anschließend durch eine S-Glucosyltransferase mit Uridindiphosphat-Glucose zum Desulfoglucosinolat glucosyliert, welches abschließend durch eine Sulfotransferase mit 3´-Phosphoadenosin-5´-phosphosulfat als Schwefeldonor zum Glucosinolat umgesetzt wird.

Bei der Doppelknockout-Linie *cyp79B2 cyp79B3* sind die Gene für die Cytochrom P450-Enzyme CYP79B2 und CYP79B3 durch T-DNA-Insertionen ausgeschaltet (Zhao et al., 2002). CYP79B2 und CYP79B3 katalysieren die Umwandlung von Tryptophan zu Indol-3-acetaldoxim, einer Vorstufe der Indolglucosinolate. Durch die Ausschaltung dieser Gene wird die Bildung von Indolglucosinolaten verhindert. Experimente mit *cyp79B2 cyp79B3*-Pflanzen zeigten eine verringerte Resistenz gegenüber dem Generalisten *Spodoptera littoralis* (Lepidoptera: Noctuidae) (Schläppi et al., 2008). Eine Überproduktion von Indolglucosinolaten erhöht dagegen den Schutz gegen *S. exigua* (Gigolashvili et al., 2007). Gegen die generalistische Grüne Pfirsichblattlaus, *Myzus persicae* (Hemiptera: Aphididae), sind Indolglucosinolate ebenfalls wirksam, hier jedoch in Form der intakten Glucosinolate (Kim und Jander, 2007), da Blattläuse mit ihrem flexiblen Saugstachel Nährstoffe direkt aus dem Leitgewebe der Pflanze entnehmen und somit die Hydrolysereaktion nicht auslösen. Auch bei der Abwehr von Pilzen spielen Indolglucosinolate und ihre Abbauprodukte eine wichtige Rolle als Toxine (Bednarek et al., 2009) oder Signalstoffe (Clay et al., 2009). Bei spezialisierten Herbivoren wie *P. xylostella* oder *P. rapae* stimulieren Indolglucosinolate jedoch die Eiablage (De Vos et al., 2008; Sun et al., 2009). Indolglucosinolate stellen zusätzlich eine Vorstufe des Wachstumshormons Indolessigsäure (Auxin) dar (Bones und Rossiter, 1996; Bak et al., 2001). Auch die Biosynthese des Phytoalexins Camalexin wird von CYP79B2 und CYP79B3 gesteuert (Glawischnig et al., 2004).

Die Doppelknockout-Linie *myb28 myb29* weist in den Genen für die Transkriptionsfaktoren MYB28 und MYB29 T-DNA-Insertionen auf. MYB29 reguliert hauptsächlich die Synthese kurzkettiger aliphatischer Glucosinolate und MYB28 die Bildung kurz- und langkettiger aliphatischer Glucosinolate (Sønderby et al., 2007). In *myb28 myb29*-Pflanzen ist der Gehalt aller aliphatischen Glucosinolate stark reduziert (Sønderby et al., 2007; Beekwilder et al., 2008). Im Vergleich zum Wildtyp Col-0 erwies sich *myb28 myb29* in Wahlexperimenten als anfälliger gegenüber Larven der generalistischen Kohleule *Mamestra brassicae* (Lepidoptera: Noctuidae) (Beekwilder et al., 2008). Eine Kreuzung der *cyp79B2 cyp79B3* und der *myb28 myb29*-Linie führte zur Vierfachknockout-Linie *cyp79B2 cyp79B3 myb28 myb29*. Die Pflanzen enthalten nur noch sehr geringe Mengen an Glucosinolaten (Sun et al., 2009). In Eiablagewahlversuchen mit *P. xylostella* erhielten Pflanze dieser Linie im Vergleich zur *cyp79B2 cyp79B3* und *myb28 myb29*-Linie weniger Eier (Sun et al., 2009).

Transgene 35S::CYP79A2-Pflanzen exprimieren unter der Kontrolle des 35S-Promotors aus dem Blumenkohlmosaikvirus (CaMV) das Cytochrom P450 CYP79A2, welches die Umwandlung von L-Phenylalanin zu Phenylacetaldoxim, einer Vorstufe von Benzylglucosinolat kata-

lysiert. Daher enthält diese Pflanze im Vergleich zum Wildtyp Col-0 zusätzlich große Mengen Benzylglucosinolat (Wittstock und Halkier, 2000).
Für diesen Genotypen ist inzwischen eine erhöhte Resistenz gegen Pathogene wie *Pseudomonas syringae* (Pseudomonadales: Pseudomonadaceae) nachgewiesen worden (Brader et al. 2006). Aus Wurzeln von *Lepidium virginicum* L. (Brassicaceae) isoliertes Benzylglucosinolat zeigte in vitro Wirkung gegen Protozooen wie *Entamoeba histolytica* (Amoebida: Entamoebidae) (Calzada et al. 2003), Benzylisothiocyanat gegen die Nematodenart *Globodera rostochiensis* (Tylenchida: Heteroderidae) (Buskov et al. 2002). In Futterwahlversuchen wurden die 35S::CYP79A2-Pflanzen im Vergleich zum Wildtyp Col-0 von *P. xylostella* weniger stark beschädigt (Sarosh et al., 2010).

Insgesamt stehen somit *A. thaliana*-Genotypen mit unterschiedlichem Glucosinolatprofil für Biotests mit generalistischen und spezialisierten Herbivoren zur Verfügung.

1.4.3 Glucosinolat-Hydrolyse in *Arabidopsis thaliana*

In *A. thaliana* finden sich bei verschiedenen Ökotypen natürliche Variationen der aus Glucosinolaten gebildeten Hydrolyseprodukte. Im Gegensatz zum Wildtyp Col-0 besitzen die Ökotypen Landsberg *erecta* (L*er*) und Cape Verde Islands (Cvi) ein Epithiospezifizierendes Protein (ESP), das als AtESP bezeichnet wird. Dieses bisher am besten untersuchte spezifizierende Protein bewirkt bei Alkenylglucosinolaten als Ausgangsverbindung in Anwesenheit von Myrosinase die Bildung von Epithionitrilen auf Kosten der Isothiocyanate (Lambrix et al., 2001) [Abb. 3]. Bei der Hydrolyse findet ein intramolekularer Schwefeltransfer von der thioglycosidischen Bindung des Glucosinolats zur terminalen Doppelbindung der Seitenkette statt. Aus Glucosinolaten ohne terminale Doppelbindung werden bei Anwesenheit von ESP einfache Nitrile gebildet. Die Substratspezifität kann dabei deutlich variieren, z. B. wird das in *A. thaliana* Col-0 nicht vorkommende Benzylglucosinolat in Gegenwart von gereinigtem AtESP kaum in Nitrile umgewandelt (Burow et al., 2006a).

Auch Pflanzen des Wildtyps Col-0 ohne funktionelles AtESP sind fähig, Nitrile statt der Isothiocyanate zu bilden. In Col-0 wurde nach 24 h Fraß von *S. littoralis* in Blatthomogenaten ein signifikanter Anstieg der Nitrilbildung von 40 % auf 65 % der Gesamtmenge der Hydrolyseprodukte des Hauptglucosinolats 4-Methylsulfinylbutylglucosinolat beobachtet (Müller, 2005). Auf Grundlage der ESP-cDNA des *A. thaliana*-Ökotyps L*er* wurde mittels Datenbank nach ähnlichen Proteinen gesucht, die für die Nitrilbildung verantwortlich sein könnten. Identifiziert wurden fünf nitrilspezifizierende Proteine (NSPs), die als AtNSP1-AtNSP5 bezeichnet werden und 50-60 % Aminosäure-Sequenzidentität zu AtESP aufweisen. In Gegenwart von Myrosinase bewirken sie die Bildung von einfachen Nitrilen aus Glucosinolaten (Burow et al., 2009) [Abb. 3]. Die ökologische Bedeutung dieser AtNSPs ist noch ungeklärt.

Gegenüber Pflanzenlinien, die hauptsächlich Isothiocyanate bildeten, wurden nitrilbildende Inzuchtlinien aus einer Col-0 x L*er*-Kreuzung von *A. thaliana* durch den generalistischen Herbivor *Trichoplusia ni* (Lepidoptera: Noctuidae) stärker beschädigt (Lambrix et al., 2001). Außerdem entwickelten sich Larven von *S. littoralis* auf nitrilbildenen transgenen Linien (35S::ESP) besser als auf dem Wildtypen Col-0 (Burow et al., 2006b). Nitrile können jedoch an der indirekten Abwehr beteiligt sein. Von *P. rapae* geschädigte 35S::ESP-Pflanzen wirkten auf den auf Larven von *P. rapae* spezialisierten Parasitoiden *Cotesia rubecula* (Hymenoptera: Braconidae) attraktiver als Pflanzen des Wildtyps Col-0 mit gleicher Behandlung (Mumm et al., 2008). In Eiablagewahlversuchen mit *P. rapae* erhielten zuvor beschädigte Pflanzen der 35S::ESP-Linie von *P. rapae* weniger Eier als Pflanzen des ebenfalls beschädigten Wildtyps Col-0 (Mumm et al., 2008).

Über die Wirkung von Epithionitrilen und organischen Thiocyanaten ist sehr viel weniger bekannt. Organische Thiocyanate können in der Hydrolysereaktion ausgehend von Benzyl-, Allyl- und 4-Methylthiobutylglucosinolat unter Einwirkung des Thiocyanatformenden Proteins (TFP) entstehen [Abb. 3]. Thiocyanatbildung kommt in *A. thaliana* nicht vor und wurde bisher nur in wenigen Pflanzenarten der Brassicaceae wie *Coronopus didymus* L., *Eruca sativa* Mill., *Thlaspi arvense* L., *Lepidium ruderale* L. und *L. sativum* L. nachgewiesen (Wittstock und Burow, 2007).

1.5 Zielstellung

Die ökologische Bedeutung der strukturellen Diversität der Glucosinolate und ihrer Hydrolyseprodukte ist bisher nur unzureichend untersucht worden. Folgende Fragen standen daher im Mittelpunkt dieser Dissertation:

1. Welchen Einfluss haben Glucosinolate mit aliphatischer und indolischer Seitenkette auf die Entwicklung, die Futterwahl und das Eiablagewahlverhalten des spezialisierten Herbivors *P. rapae*?

   Mit Hilfe von transgenen *A. thaliana*-Linien ist es möglich, die Rolle einzelner Klassen von Glucosinolaten mit intakten Pflanzen in einem Modellsystem zu untersuchen. In Experimenten mit dem spezialisierten Herbivor *P. rapae* sollten Genotypen mit unterschiedlichen Gehalten an aliphatischen und indolischen Glucosinolaten in Biotests im Hinblick auf die Entwicklung der Larven und ihrer Präferenz bei Futterwahl und Eiablage analysiert werden.

2. Welchen Einfluss hat Benzylglucosinolat auf Entwicklung, Futterwahl- und Eiablagewahlverhalten generalistischer und spezialisierter Herbivoren der Lepidoptera?

   Für diese Versuche stand die transgene *A. thaliana*-Col-0-Linie 35S::CYP79A2 zur Verfügung, welche zusätzlich Benzylglucosinolat produziert. Die Wirkung dieses Glucosinolats auf die Entwicklung und Futterwahl von Herbivoren sollte in Experimenten mit dem Spezialisten *P. rapae* sowie dem Generalisten *S. exigua* untersucht werden. Zusätzlich sollte das Eiablagewahlverhalten von *P. rapae* erfasst werden.

3. Ist das *AtNSP1* in *A. thaliana* durch Herbivorie von *P. rapae* induzierbar?

Über das erst kürzlich beschriebene AtNSP1 ist noch wenig bekannt. Es kommt im *A. thaliana*-Wildtyp Col-0 vor und ist dort für die ESP-unabhängige Nitrilbindung verantwortlich. Ausgehend von vorangegangenen Versuchen, bei denen in Col-0 bei Insektenfraß ein Anstieg der Nitrilbildung beobachtet wurde, sollte die Induzierbarkeit von *AtNSP1* durch *P. rapae* mittels Genexpressionsanalyse näher untersucht werden.

4. Wird die Expression der *AtNSPs* in *A. thaliana* in Abhängigkeit von Entwicklungsstadium und Organ reguliert?

In *A. thaliana* Col-0 wurden bisher fünf verschiedene AtNSPs identifiziert. Das Vorhandensein so vieler, teilweise sehr ähnlicher spezifizierender Proteine wirft Fragen nach deren Funktion auf. Rückschlüsse darauf könnten unterschiedliche Expressionsmuster der Proteine in verschiedenen Pflanzenorganen erlauben, welche in dieser Arbeit erfasst werden sollten.

2. Methoden

2.1 Chemikalien, Medien und Lösungen

Chemikalien wurden, sofern nicht abweichend angegeben, in der Qualität „pro analysi“ von folgenden Firmen bezogen:

Sigma-Aldrich, St. Louis, USA
Merck KGaA, Darmstadt
Carl Roth GmbH & Co. KG, Karlsruhe

Puffer und Reagenzien für molekularbiologische Techniken waren wie folgt zusammengesetzt:

RNA-Extraktionspuffer:
0,2 M Tris HCl
0,4 M LiCl
25 mM EDTA
1 % (w/vol) SDS

STET-Puffer:
8 % Saccharose
0,1 % Triton X-100
50 mM EDTA
50 mM Tris-HCl pH 8,0

TBE-Puffer (10x):
108 g/l Tris-HCl
55 g/l Borsäure
pro l 40 ml 0,5 M EDTA pH 8,0

Agarosegele:

Ladepuffer für Agarosegele (10x):
0,25 % Bromphenolblau,
0,25 % Xylen-cyanol FF
gelöst in 40 % (w/vol) Glycerin

2.2 Kultivierung der Versuchsorganismen

2.2.1 *Pieris rapae*

Die kontinuierliche Zucht von *P. rapae* [Abb. 5] erfolgte aus einer Basispopulation, die ursprünglich von Joop van Loon (Universität Wageningen, Niederlande) bezogen und durch lokal gefangene Exemplare stetig ergänzt wurde. Die Tiere wurden in Käfigen in einem klimatisierten Raum bei 25 °C, 60 % Luftfeuchtigkeit und 16 h Licht gehalten. Als Nahrung wurde den Schmetterlingen eine Lösung von 10 % Glucose in Wasser angeboten, den Larven Rosenkohl *Brassica oleracea var. gemmifera* DC., „Rosella“ (Brassicaceae) (Quedlinburger Saatgut GmbH, Quedlinburg) aus eigenem Anbau.

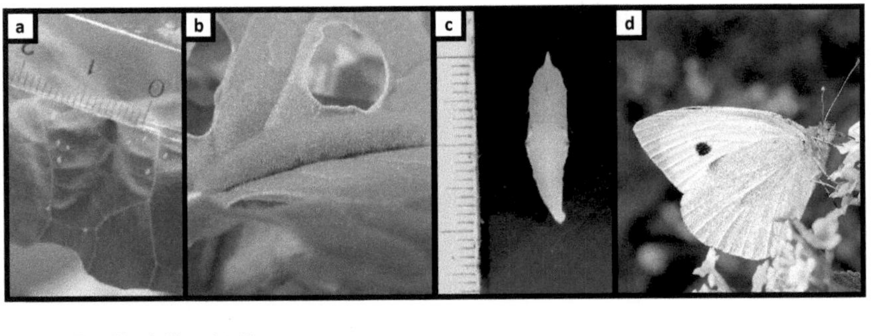

Abb. 5: Das Modellinsekt *P. rapae*

a) Abgelegte Eier auf *B. oleracea*, Foto: Jennifer Kuchernig; b) ausgewachsene Larve, Foto: Christian Bauer (http://commons.wikimedia.org); c) Puppe, Foto: Jennifer Kuchernig; d) Falter, Foto: Joaquim Alves Gaspar (http://commons.wikimedia.org)

2.2.2 *Spodoptera exigua*

Eier von *S. exigua* [Abb. 6] wurden von Bayer CropScience Deutschland GmbH über das Max-Planck-Institut für chemische Ökologie Jena bezogen. Die Aufzucht erfolgte in Plastikboxen in einem klimatisierten Raum bei 25 °C, 60 % Luftfeuchtigkeit und 16 h Licht, als Futter wurde eine Zubereitung aus weißen Bohnen angeboten. Dazu wurden 500 g Bohnenmehl (Huber Mühle GmbH, Mannheim) in 1 l Wasser unter Rühren 9 g Ascorbinsäure, 9 g 4-Hydroxybenzoesäuremethylester, 20 g Vanderzant Vitamin-Mix für Insekten (Sigma-Aldrich GmbH, Taufkirchen) und 4 ml Formaldehyd zugegeben. Diese Bohnenmasse wurde mit 30 g in 400 ml Wasser gelöstem Agar verrührt und anschließend auf Zimmertemperatur abgekühlt.

Abb. 6: Das Modellinsekt *S. exigua*

a) ausgewachsene Larve (http://commons.wikimedia.org), b) Motte, Foto: Dumi (http://commons.wikimedia.org)

2.2.3 *Arabidopsis thaliana*

Als Kultursubstrat für die Pflanzenzucht von *A. thaliana* [Abb. 7] wurde eine Mischung aus 80 % Anzuchterde (Compo, Münster, Deutschland), 10 % Sand und 10 % Perligran (Knauf Perlite, Dortmund) verwendet, der zusätzlich die Dünger Triabon (Compo, Münster) mit 2 g/l Substrat und Sierrablen (Scotts, Heerlen, Niederlande) mit 1 g/l Substrat zugegeben wurden. Die fertige Substratmischung wurde im Autoklaven für 2 h bei 100 °C gedämpft. Zur Aussaat wurde das Substrat zur Bekämpfung vor Trauermückenlarven mit einem *Bacillus thuringiensis*-Präparat (Neudomück, W. Neudorff GmbH KG, Emmerthal) in der

Konzentration von 2 ml/l Gießwasser durchtränkt. Anschließend wurden die Samen von *A. thaliana* mittels eines feuchten Zahnstochers auf der Substratoberfläche platziert. Nach der Aussaat wurden die Pflanzen zur Induktion der Keimung einer dreitägigen Kältebehandlung bei 4 °C im Dunkeln unterzogen und anschließend in einer Percival AL-66 Klimakammer unter Kurztagbedingungen (10 h Licht, 14 h Dunkelheit) bei 22 °C, 60-70 % Luftfeuchtigkeit und 300 µmol m^{-2} s^{-1} photosynthetisch aktiver Strahlung kultiviert. Die verwendeten *A. thaliana*-Genotypen sind in Tab. 2 aufgeführt.

Abb. 7: Die Modellpflanze *A. thaliana*

a) Gesamtansicht der Pflanze, Foto: Alberto Salguero (http://commons.wikimedia.org); b) Blüten, Foto: Peggy Grab; c) Schotenfrüchte, Foto: Kristian Peters (http://commons.wikimedia.org)

Tab. 2: In Experimenten verwendete Genotypen von *A. thaliana*

Genotyp	Referenz	Bezugsquelle
Col-0		John D´Auria, Institut für chemische Ökologie, Jena
cyp79B2 cyp79B3	Zhao et al. 2002	John Celenza, Boston University, Boston, USA
myb28 myb 29	Sønderby et al. 2007	Ida Sønderby, University of Copenhagen, Kopenhagen, Dänemark
cyp79B2 cyp79B3 myb28 myb29	Sun et al. 2009	Ida Sønderby, University of Copenhagen, Kopenhagen, Dänemark
35S::CYP79A2	Wittstock und Halkier, 2000	Barbara Halkier, University of Copenhagen, Kopenhagen, Dänemark
pPZP111 Vektorkontrolllinie	Wittstock und Halkier, 2000	Barbara Halkier, University of Copenhagen, Kopenhagen, Dänemark
Atnsp1 (SALK_072600)	Burow et al. 2009	Nottingham Arabidopsis Stock Centre

2.3 Analytik

2.3.1 Glucosinolatgehalt

Zur Quantifizierung des Glucosinolatgehaltes wurde eine halbe Blattrosette einer etwa sieben Wochen alten Pflanze geerntet und gefriergetrocknet. Das getrocknete Material wurde zusammen mit zwei Stahlkugeln in einem 15 ml Falcon-Röhrchen mittels eines Farbschüttlers (Minimix Mk 4, Merris Engineering Ltd, Tuam, Irland) zerkleinert (Behandlungsdauer 3 min) und anschließend in 1,5 ml 80 % (vol/vol) Methanol suspendiert. Nach Zugabe von 50 µl 1 mM p-Hydroxybenzylglucosinolat (interner Standard) wurde 10 min bei 4300 rpm zentrifugiert. Der Überstand wurde abgenommen und der verbliebene Rückstand wurde mit weiteren 1,5 ml 80 % (vol/vol) Methanol extrahiert. Der nach Zentrifugation gewonnene Überstand wurde mit dem vorigen vereinigt und stellte den Rohextrakt dar.

0,4 ml einer 10 % (w/vol) wässrigen DEAE-Sephadex-A25-Suspension (Sigma-Aldrich, St. Louis, USA) wurden in eine mit 0,5 ml Wasser befeuchtete Polyprep-Säule (Bio-Rad Laboratories GmbH, München) gefüllt und mit 2 ml Wasser gespült. Der Rohextrakt wurde zur Reinigung anschließend auf die Säule überführt und nacheinander mit je einem 1 ml

80% (vol/vol) Methanol, Wasser und 0,02 M Natriumacetatpuffer pH 5,0 gewaschen. Das gebundene Glucosinolat wurde über Nacht mit 50 µl gereinigter Sulfatase (Burow et al., 2006b) behandelt und danach als Desulfoglucosinolat zweimal mit 0,8 ml 60 % vol/vol Methanol eluiert (Thies, 1988). Das gewonnene Eluat wurde unter Druckluft zur Trockne eingeengt und zur Vermessung in 0,4 ml HPLC-Wasser aufgenommen. Die HPLC-Analyse wurde an einer Agilent HP1200-Anlage mit einer C-18 *reverse-phase* (RP)-Säule (LiChrospher 100 RP18, 250 x 4,6 mm, 5 µm Partikelgröße; Wicom GmbH Heppenheim) mit einem Gradienten aus HPLC-Wasser und Acetonitril (Acros Organics, Greel, Belgien) bei einer Flussrate von 1 ml/min, 25 °C und einem Injektionsvolumen von 50 µl durchgeführt (Burow et al., 2006b). Der zeitliche Ablauf des Gradienten ist in Tab. 3 dargestellt.

Tab. 3: HPLC-Lösungsmittelgradient zur Analyse der Desulfoglucosinolate

Zeit (min)	HPLC-Wasser (%)	Acetonitril (%)
0,0	98,5	1,5
1,0	98,5	1,5
6,0	95,0	5,0
8,0	93,0	7,0
18,0	79,0	21,0
23,0	71,0	29,0
30,0	57,0	43,0
30,5	0,0	100,0
33,0	0,0	100,0
33,1	98,5	1,5
38,0	98,5	1,5

Für die Glucosinolatanalyse der 35S::CYP79A2-Linie konnte diese Methode aufgrund der Koelution von 4-Methylthiobutyl- und Benzylglucosinolat nicht angewendet werden. Stattdessen wurde mit Wasser und Methanol als Lösungsmittel der in Tab. 4 beschriebene Gradient verwendet (Wittstock und Halkier, 2000). Mit dieser Methode können jedoch 7-Methylsulfinylheptyl- und 4-Methylthiobutylglucosinolat nicht getrennt werden.

Tab. 4: HPLC-Lösungsmittelgradient zur Analyse der Desulfoglucosinolate von 35S::CYP79A2

Zeit (min)	HPLC-Wasser (%)	Methanol (%)
0,0	95,0	5,0
10,0	95,0	5,0
40,0	40,0	60,0
40,5	0,0	100,0
45,0	0,0	100,0
45,5	95,0	5,0
55,0	95,0	5,0

Die Diodenmessung fand zwischen 190 und 360 nm in 2 nm-Intervallen statt. Die Identifizierung der Desulfoglucosinolate erfolgte auf der Basis von Retentionszeiten und UV-Spektren im Vergleich zu Standardverbindungen. Zur Quantifizierung wurden die gemessenen Peakflächen des Analyten unter Einbeziehung von Responsefaktoren (RF) mit der Peakfläche des internen Standards verglichen. Dabei wurde für aliphatische Glucosinolate und Benzylglucosinolat ein RF = 2,0 und für Indolglucosinolate ein RF = 0,5 verwendet (Burow et al., 2006a; Burow et al., 2006b). Die Berechnung der Stoffmenge erfolgte nach der Formel:

$$\text{nmol (Analyt)} = \text{Fläche (Analyt)} * \text{RF} * \frac{\text{nmol (interner Standard)}}{\text{Fläche (interner Standard)}}$$

2.3.2 Glucosinolat-Hydrolyseprodukte

Zur Bestimmung der Glucosinolat-Hydrolyseprodukte wurden Rosettenblätter (300 mg Frischgewicht) geerntet und in einem Eppendorfröhrchen mit 300 µl 50 mM 2-Morpholinoethansulfonsäure-Monohydrat (MES)-Puffer pH 6,0 mit einem Minipistill zerstoßen. Nach Zentrifugation bei 13000 rpm und 4 °C für 10 min wurde der Überstand als Rohextrakt abgenommen, in ein neues Eppendorfröhrchen überführt und bis zur weiteren Verwendung bei -20 °C gelagert (maximal sechs Monate). 200 µl des Pflanzenextraktes wurden nach Zugabe von 20 µl Phenylcyanid (100 ng/µl in Methanol Pestanal®) als interner Standard zweimal mit je 750 µl Dichlormethan für HPLC-Anwendung (Fisher Scientific GmbH, Schwerte) ausgeschüttelt. Die Dichlormethanphasen wurden abgenommen, vereinigt und mit Natriumsulfat getrocknet. Der Extrakt wurde anschließend unter Druckluft auf etwa 200 µl eingeengt und mittels GC-MS an einem Agilent 6890N-Instrument analysiert (Lambrix et al., 2001). Verwendet wurde eine HP5MS-Säule bei einem Injektionsvolumen von 1 µl. Folgendes Temperaturprogramm wurde während der Analyse genutzt: 45 °C für 3 min, 10 °C/min bis 230 °C, 70 °C/min bis 300 °C, 300 °C für 2 min.

Die Produktidentifikation erfolgte nach Erstellung eines *total ion*-Chromatogramms mit einer internen Datenbank bekannter Verbindungen. Anschließend wurde eine relative Quantifizierung vorgenommen, bei der die Peakflächen der Analyten verglichen wurden.

Dazu wurde für die 35S::CYP79A2-Pflanzenlinie und die pPZP111-Vektorkontrolllinie der prozentuale Anteil der Peakfläche der Nitrile und Isothiocyanate vom 4-Methylsulfinylbutyl- und Benzylglucosinolat an der Gesamtpeakfläche (Nitril+Isothiocyanat) berechnet.

2.3.3 Bestimmung der Trichomzahl

Als weiteres Charakterisierungsmerkmal wurde von den Pflanzenlinien 35S::CYP79A2 und pPZP111 die Zahl der Trichome auf der Blattoberfläche bestimmt. Dazu wurden Rosettenblätter von etwa 1,5 cm Breite geerntet. Mittels eines Korkbohrers von 6 mm Durchmesser wurde eine Scheibe ausgestochen. Auf dieser Blattscheibe wurden anschließend unter einem Binokular die Trichome der Oberseite ausgezählt. Von jeder Pflanzenlinie wurden zehn Blattscheiben analysiert, die von zehn individuellen Pflanzen stammten.

2.3.4 DNA-Sequenzierung

DNA-Fragmente wurden zur Sequenzierung zunächst mittels spezifischer Primer [Tab. 5] in einer Polymerease-Kettenreaktion (PCR) erzeugt und auf ein Agarosegel aufgetragen. Unter UV-Licht wurden die zu untersuchenden Banden aus dem Gel ausgeschnitten und mit dem QIAEX II Gel Extraction Kit (QIAGEN, Venlo, Niederlande) nach Herstellerangeben isoliert. Die Sequenzierung wurde von GATC Biotech AG, Konstanz durchgeführt.

2.4 Biotests

2.4.1 Biotests mit *Arabidopsis thaliana*-Genotypen mit unterschiedlichen Gehalten an aliphatischen und indolischen Glucosinolaten

2.4.1.1 *No-Choice*-Experiment mit *Pieris rapae*

Zur Untersuchung der Entwicklung von *P. rapae* wurde mit einem Pinsel je eine frisch geschlüpfte Larve auf einen Topf mit einer sechs Wochen alten Pflanze der zu testenden Genotypen Col-0, *myb28 myb29*, *cyp79B2 cyp79B3* und *cyp79B2 cyp79B3 myb28 myb29* platziert. Der Topf wurde mit einer luftdurchlässigen Plastiktüte verschlossen und bei 25 °C, 60 % Luftfeuchtigkeit und 16 h Licht kultiviert. Nach zehn Tagen wurde die Larve entfernt und anschließend gewogen. Zur Untersuchung der Entwicklung bis zur Verpuppung wurden Gruppen von zehn Larven auf Töpfen mit vier Pflanzen der Genotypen Col-0, *myb28 myb29* und *cyp79B2 cyp79B3* vom Schlupf bis zur Verpuppung gehalten und die Zeitpunkte bis zur Verpuppung bestimmt.

2.4.1.2 *Choice*-Experiment mit *Pieris rapae*

Zur Untersuchung der Futterpräferenz wurde jeweils eine Larve des Stadiums L3/L4 (etwa 50-70 mg) auf einen Topf mit zwei etwa sechs Wochen alten Pflanzen der paarweise zu testenden Genotypen Col-0, *myb28 myb29*, *cyp79B2 cyp79B3* und *cyp79B2 cyp79B3 myb28 myb29* platziert. Die Töpfe wurden mit einer luftdurchlässigen Plastiktüte verschlossen und bei 25 °C, 60 % Luftfeuchtigkeit und 16 h Licht kultiviert. Nachdem etwa 30 % der Gesamtblattfläche beschädigt worden war, wurden die Larven entfernt und die Pflanzen geerntet. Mithilfe eines Scanners wurde ein Bild der beschädigten Rosette erstellt und nachfolgend durch Bildbearbeitung die gefressene Blattfläche ergänzt [Abb. 8]. Diese wurde anschließend mit dem Programm ImageJ (Wayne Rasband, National Institutes of Health, USA) unter Nutzung eines bekannten Maßstabes vermessen.

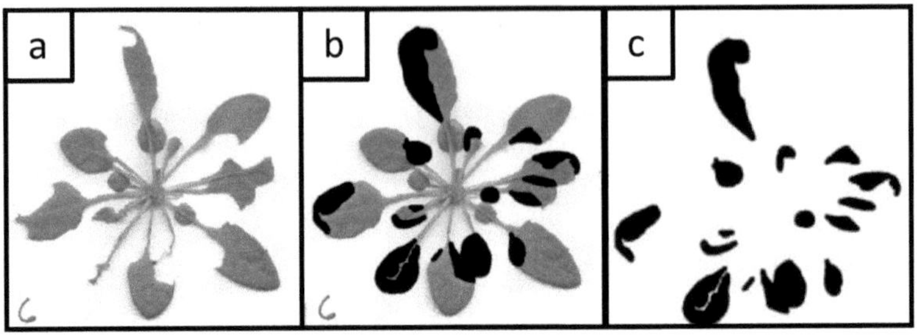

Abb. 8: Ermittlung der gefressenen Blattfläche in Choice-Experimenten

a): gescanntes Bild einer beschädigten Pflanze. b): durch Bildbearbeitung ergänzte Blattfläche. c): ergänzte gefressene Blattfläche bereit zur Vermessung

2.4.1.3 Eiablage-*Choice*-Experiment mit *Pieris rapae*

Für Wahlversuche zur Eiablage wurden frisch geschlüpfte Schmetterlinge von *P. rapae* vier Tage lang ohne Pflanzen in einem Käfig (50x50x50 cm) bei 25 °C, 60 % Luftfeuchtigkeit und 16 h Licht gehalten, um nach erfolgter Paarung einen „Eiablagedruck" zu erzeugen, damit möglichst viele Eier im Versuchszeitraum abgelegt werden. Anschließend wurde jeweils ein ablagebereites Weibchen in eine durchsichtige Plastikbox (39x28x28 cm) mit zwei Einzelpflanzen der zu testenden Genotypen transferiert. Das Alter der Pflanzen betrug etwa sechs Wochen. Nach 24 h wurden alle abgelegten Eier gezählt.

2.4.2 Biotests mit *Arabidopsis thaliana*-Genotypen mit und ohne Benzylglucosinolat

2.4.2.1 *No-Choice*-Experiment mit *Pieris rapae* und *Spodoptera exigua*

Je zehn frisch geschlüpfte Larven von *P. rapae* bzw. *S. exigua* wurden mit einem Pinsel auf Töpfe mit vier Pflanzen der zu testenden Genotypen 35S::CYP79A2 und pPZP111 im Alter von etwa sechs Wochen gebracht. Diese wurden mit luftdurchlässigen Plastiktüten verschlossen und für zehn Tage bei 25 °C, 60 % Luftfeuchtigkeit und 16 h Licht kultiviert, bei Bedarf wurden neue Futterpflanzen angeboten. Nach sieben Tagen wurden die Larven erstmals gesammelt und gewogen. Dieser Vorgang wurde bis zum Tag 10 täglich wiederholt.

2.4.2.2 *Choice*-Experiment mit *Pieris rapae* und *Spodoptera exigua*

Pflanzenanzuchtplatten aus Plastik (Einzeltopfdurchmesser 3,5 cm) wurden so zurechtgeschnitten, dass sich sechs Pflanzplätze um einen leeren Platz gruppierten. Auf die sechs Positionen wurden sechs Pflanzen (drei von den beiden zu testenden Genotypen 35S::CYP79A2 und pPZP111) zufällig angeordnet [Abb. 9]. Zur Untersuchung der Futterpräferenz wurde jeweils eine Larve von *P. rapae* bzw. *S. exigua* des Entwicklungsstadiums L3/L4 (50-70 mg) in die Mitte dieser „Versuchsarena“ platziert. Die Arenen wurden mit einer luftdurchlässigen Plastiktüte verschlossen und bei 25 °C, 60 % Luftfeuchtigkeit und 16 h Licht kultiviert.

Abb. 9: Versuchsarena für Choice-Experimente

Zufällige Versuchsanordnung zweier Pflanzenlinien in Versuchen zur Untersuchung der Nahrungspräferenz.

Nachdem etwa 30 % der Gesamtblattfläche von den Larven gefressen worden war, wurden die Larven entfernt und die Pflanzen geerntet. Die Bestimmung der gefressenen Blattfläche erfolgte wie unter 2.4.1.2 beschrieben.

2.4.2.3 *Choice*-Experiment mit *Pieris rapae* zur Untersuchung des Eiablagewahlverhaltens

Die Eiablageversuche wurden, wie unter 2.4.1.3 beschrieben, mit den zu testenden Genotypen 35S::CYP79A2 und pPZP111 durchgeführt, jedoch in Käfigen von der Größe 50x50x50 cm.

2.5 Statistik

Für die statistischen Analysen wurde das Programm SigmaStat Version 3.1 verwendet. Zum Vergleich von arithmetischen Mittelwerten wurde ein Student´s t-Test mit unabhängigen Stichproben durchgeführt, bei nicht unabhängigen Stichproben (z. B. Choice-Tests) ein t-Test für gepaarte Stichproben. Waren die Voraussetzungen der Normalverteilung und Varianzgleichheit nicht erfüllt, wurde stattdessen ein Mann-Whitney U-Test bzw. für gepaarte Stichproben ein Wilcoxon-Test angewendet.
Zur Varianzanalyse wurde eine einfaktorielle ANOVA durchgeführt. Waren Normalverteilung und Varianzgleichheit nicht gegeben, wurde auf eine Kruskal-Wallis-ANOVA zurückgegriffen.

2.6 Expressionsanalyse

2.6.1 Expressionsanalyse von *AtNSP1* nach Fraß von *Pieris rapae*

2.6.1.1 Probennahme für Expressionsanalyse nach Fraß von *Pieris rapae*

Zur Untersuchung der Fraßinduktion von *AtNSP1* wurden einzelne, sechs Wochen alte Pflanzen von *A. thaliana* Col-0 und der *Atnsp1*-Knockout-Linie SALK_072600 24 h lang dem Fraß einer Larve von *P. rapae* (Larvenstadium L3/L4) ausgesetzt. Blattmaterial der beschädigten Pflanzen sowie der entsprechenden unbefressenen Kontrollen (150 mg) wurde geerntet und in flüssigem Stickstoff schockgefroren. Diese Versuche wurden zusammen mit Anja Losansky (AG Wittstock) durchgeführt.

2.6.1.2 Isolierung der Gesamt-RNA für Expressionsanalyse nach Fraß von *Pieris rapae*

Das gefrorene Pflanzenmaterial wurde mit Reibschale und Pistill unter flüssigem Stickstoff zerrieben, in 1 ml Ribozol® (OMNI Life Science GmbH, Hamburg) überführt und mittels Vortexer gründlich gemischt. Nach einer Zentrifugation für 10 min bei 4 °C und 12000 *g* wurde der Überstand 5 min bei Raumtemperatur inkubiert, mit 200 µl Chloroform versetzt, anschließend geschüttelt und weitere 3 min bei Raumtemperatur inkubiert. Anschließend wurden 500 µl Isopropanol zugegeben und nach Mischen für 30 min bei 4 °C und 20000 *g* zentrifugiert. Der Überstand wurde entfernt und das Pellet mit 1 ml 75 % (vol/vol) Ethanol gewaschen. Nach einem weiteren Zentrifugationsschritt bei 4 °C und 8000 *g* für 10 min wurde das erhaltene Pellet 5 min lang bei Raumtemperatur getrocknet, in 50 µl RNAse-freiem Wasser gelöst und bei -80 °C gelagert. Zur Quantifizierung wurde die erhaltene RNA-Lösung mit Wasser 1:100 verdünnt und in einer Quarzküvette im Photometer (Ultrospec 3100 pro) bei 260 nm vermessen. Zur Kontrolle der für die Reverse-Transkriptase-Reaktion eingesetzten RNA-Mengen wurde zusätzlich 1 µg Gesamt-RNA auf ein Agarosegel (1 % (w/vol)) aufgetragen und gelelektrophoretisch analysiert.

2.6.1.3 Reverse Transkription (RT) für Expressionsanalyse nach Fraß von *Pieris rapae*

Von der isolierten RNA wurden je Probe 0,1; 0,3 und 1 µg in Reverse Transkriptase-Reaktionen eingesetzt. Die Durchführung der Reaktionen erfolgte nach den Herstellerangaben des *total*script-OLS-Kits (OMNI Life Science GmbH, Hamburg). Zur anschließenden Entfernung des enthaltenen Dithiothreitols wurde die cDNA mit dem Wizard® SV Gel and PCR Clean-Up System (Promega GmbH, Mannheim, Deutschland) nach Herstellerangaben gereinigt, in 50 µl nucleasefreiem Wasser gelöst und anschließend bei -20 °C gelagert.

2.6.1.4 Polymerase-Kettenreaktion zur Expressionsanalyse nach Fraß von *Pieris rapae*

Die PCR wurde in 25 µl PCR-Puffer C (OMNI Life Science GmbH, Hamburg) mit 0,5 µl des jeweiligen cDNA-Ansatzes, 200 mM dNTPs (Fermentas GmbH, St. Leon-Rot), 1 U omnitaq-OLS (OMNI Life Science GmbH & Co. KG, Bremen) und jeweils 10 pmol der beiden Primer (Invitrogen GmbH, Carlsbad, USA) [Tab. 5] in einem Thermocycler (Biometra TProfessional Basic) mit folgendem Temperaturprogramm durchgeführt: 94 °C für 2 min, 33 Zyklen von 94 °C für 30 s, 65 °C für 30 s, 72 °C für 1 min und abschließend 72 °C für 10 min. 20 µl des

PCR-Produktes wurden auf ein Agarosegel (1,5 % (w/vol)) aufgetragen und gelelektrophoretisch analysiert. Die Identität des erhaltenen *AtNSP1*-Fragmentes wurde durch Sequenzierung bestätigt. Zur Kontrolle der eingesetzten Mengen an cDNA wurde zusätzlich bei gleicher Methode eine PCR mit Primern für die cDNA des Zellstrukturproteins Aktin durchgeführt [Tab. 5]. Weiterhin wurde die Expression von *AtESP* überprüft.

Tab. 5: In Expressionsanalysen verwendete PCR-Primer

Primer (Locus ID)	Forward-Primer (5´ - 3´)	Reverse-Primer (5´ - 3`)	Fragmentlänge (bp)
AtESP (At1g54040)	GCAGCCATGGCTCCGAC	TCATCTAGATTAAGCTGAATTGACCGCATAG	1041
Aktin 8 (At1g49240)	AGCTGTTCTATCACTTTACGCCAG	GATCCCTGCAGCTTCCATCC	412
AtNSP1 (At3g16400)	GCTACGGCACGACTCAATACAC	CCCACACACACACACACACATTC	605
AtNSP2 (At2G33070)	CTATATATCATCGCCGGCCACTC	CGAACACTGCACCCACTTGTG	514
AtNSP3 (At3g16390)	GCCTATCGTTAAAAAACCTGGGG	CTACTCGGAGTCCCCTCAAACTTATC	960
AtNSP4 (At3G16410)	GATCCGAATACGACGCTGTGAC	TTCCCAAGAGCCGCACTAGC	1525
AtNSP5 (At5g48180)	CCCTGTTTTGGTGTCTCGATGG	CAATCCTCTCCCACACTAACGTCTC	601

2.6.2 Lokalisation der *AtNSP*-Expression

2.6.2.1 Probennahme für Lokalisation der *AtNSP*-Expression

Zur Untersuchung der Expression der verschiedenen *AtNSPs* in *A. thaliana* wurden von unterschiedlichen Wachstumsstadien und Organen des Wildtyps Col-0 (Keimlinge im Alter von drei Tagen, Wurzeln, Rosettenblätter, Stängelblätter, seneszente Blätter, Blüten und Schoten) 60 mg (Blüten) bis 380 mg Pflanzenmaterial geerntet und in flüssigem Stickstoff eingefroren.

2.6.2.2 Isolierung der Gesamt-RNA für Lokalisation der *AtNSP*-Expression

Die Isolierung der Gesamt-RNA aus Wurzeln, Rosettenblättern, Stengelblättern, seneszenten Blättern und Blüten fand wie unter 2.6.1.2 beschrieben statt.

Für die RNA-Isolierung aus Schoten musste eine andere Methode verwendet werden. Dazu wurden 100 mg in Stickstoff gemörserte Schoten in 550 µl Extraktionspuffer suspendiert, 1 min lang gemischt und für 5 min auf Eis inkubiert.

Anschließend wurden 550 µl Roti®-Phenol/Chloroform/Isoamylalkohol (Carl Roth) zugegeben, es wurde gemischt und 3 min bei 17000 *g* zentrifugiert. Die obere, wässrige Phase wurde entnommen und mit 450 µl Chloroform versetzt. Es wurde gemischt und erneut für 3 min bei 17000 *g* zentrifugiert. Die wässrige Phase wurde abgenommen, zur Fällung der Nukleinsäuren wurde ¼ Volumen 10 M Lithiumchlorid zugegeben und nach Mischen für 60 min auf Eis inkubiert. Nach Zentrifugation für 20 min bei 17000 *g* wurde das entstandene Pellet in 100 µl RNAse-freiem Wasser gelöst und für 10 min auf Eis inkubiert. Die Fällung der RNA erfolgte nach Zugabe von 250 µl Ethanol und 10 µl 3 M Natriumacetat bei -20 °C für 60 min. Nach einem Zentrifugationsschritt bei 17000 *g* für 30 min wurde das RNA-Pellet mit 1 ml eiskaltem 75 % (vol/vol) Ethanol gewaschen und es wurde erneut für 5 min bei 8000 *g* zentrifugiert. Nach Entfernen des Ethanols wurde das Pellet für 15 min bei Raumtemperatur getrocknet, in 25 µl RNAse-freiem Wasser gelöst und bei -80 °C gelagert. Zur Überprüfung der RNA-Konzentration wurde von den isolierten Proben nach der photometrischen Quantifizierung jeweils 1 µg zur elektrophoretischen Analyse auf ein Agarosegel (1,5 % (w/vol)) aufgetragen.

2.6.2.3 Reverse Transkription für Lokalisation der *AtNSP*-Expression

Zur Synthese der cDNA wurde pro Probe 1 µg RNA zusammen mit 0,5 µg Oligo(dT)^{16}-Primer eingesetzt und mit nucleasefreiem Wasser auf 12 µl aufgefüllt. Nach einer Inkubation über 5 min bei 70 °C und anschließendem Abkühlen auf Eis wurden 1 µl dNTP-Mix (je 2,5 mM), 4 µl 5x-Reaktionspuffer und Wasser bis zu einem Gesamtvolumen von 19 µl zugegeben. Nach Mischen und Zugabe von 200 u BioScript Reverse Transkriptase (Bioline GmbH, Luckenwalde) wurde für 60 min bei 40 °C inkubiert. Die Reaktion wurde durch Erhitzen auf 70 °C für 10 min gestoppt. Die erhaltene cDNA wurde bei -20 °C gelagert.

2.6.2.4 Polymerase-Kettenreaktion zur Lokalisation der *AtNSP*-Expression

Um die Expression der einzelnen *AtNSPs* halbquantitativ erfassen zu können, wurde die PCR mit drei verschiedenen Mengen der RT-Reaktion ausgeführt: 0,05 µl, sowie 0,15 und 0,5 µl. Die PCR-Reaktion wurde in einem Gesamtvolumen von 25 µl PCR-Puffer (Molzym GmbH & Co.KG, Bremen) mit der entsprechenden Menge des jeweiligen cDNA-Ansatzes, 200 mM dNTPs (Fermentas GmbH, St. Leon-Rot), 1 u *MolTaq* (Molzym GmbH & Co.KG, Bremen) und 10 pmol jedes Primers [Tab. 5] in einem Thermocycler (Biometra TProfessional Basic) durchgeführt. Die Temperaturprogramme zur Kontrolle der Primerspezifität [Tab. 6] und zur Expressionsanalyse [Tab. 7] sowie die jeweils zur Visualisierung auf ein Agarosegel (1,5 % (w/vol)) aufgetragenen Mengen des jeweiligen PCR-Produktes sind nachfolgend aufgeführt.

Tab. 6: Zur Kontrolle der Primerspezifität verwendete PCR-Programme

Dargestellt ist der Ablauf der PCR-Programme mit Primern zur Detektion von *AtNSP2-AtNSP5* mit Anzahl der Zyklen, Zeit und Temperatur, sowie das vom Ansatz zur Detektion auf ein Agarosegel transferierte Volumen.

	Zyklen	Zeit	Temperatur	Volumen auf Agarosegel
allgemein		2 min	94 °C	
AtNSP2	32x	0,5 min	94 °C	1 µl
		1 min	65 °C	
		1 min	72 °C	
AtNSP3	21x	0,5 min	94 °C	1 µl
		1 min	65 °C	
		1 min	72 °C	
AtNSP4	21x	0,5 min	94 °C	1 µl
		1 min	65 °C	
		1 min	72 °C	
AtNSP5	21x	0,5 min	94 °C	1 µl
		1 min	65 °C	
		1 min	72 °C	
allgemein		10 min	72 °C	

Tab. 7: Zur Expressionsanalyse verwendete PCR-Programme.

Dargestellt ist der Ablauf der PCR-Programme mit Primern zur Untersuchung der Expression von *AtNSP1-AtNSP5* und Aktin zur Kontrolle der aufgetragenen Menge cDNA. Angegeben ist die Anzahl der Zyklen, Zeit und Temperatur, sowie das vom Ansatz zur Detektion auf ein Agarosegel transferierte Volumen.

	Zyklen	Zeit	Temperatur	Volumen auf Agarosegel
allgemein		2 min	94 °C	
Aktin	30x	0,5 min	94 °C	1 µl
		1 min	63 °C	
		1 min	72 °C	
AtNSP1	30x	0,5 min	94 °C	2 µl
		1 min	63 °C	
		1 min	72 °C	
AtNSP2	34x	0,5 min	94 °C	0,5 µl
		1 min	65 °C	
		1 min	72 °C	
AtNSP3	34x	0,5 min	94 °C	15 µl
		1 min	65 °C	
		1 min	72 °C	
AtNSP4	34x	0,5 min	94 °C	15 µl
		1 min	65 °C	
		1 min	72 °C	
AtNSP5	30x	0,5 min	94 °C	1 µl
		1 min	65 °C	
		1 min	72 °C	
allgemein		10 min	72 °C	

3. Ergebnisse

3.1 Der Einfluss von aliphatischen Glucosinolaten und Indolglucosinolaten auf *Pieris rapae*

3.1.1 Glucosinolatprofil der *Arabidopsis thaliana*-Genotypen

Von den in den nachfolgenden Biotests verwendeten *A. thaliana*-Genotypen Col-0, *myb28 myb29*, *cyp79B2 cyp79B3* und *cyp79B2 cyp79B3 myb28 myb29* wurde im Alter von etwa sechs Wochen die halbe Blattrosette geerntet. Die enthaltenen Glucosinolate wurden nach Methanolextraktion als Desulfoglucosinolate mittels HPLC analysiert [2.3.1]. Dabei wies die Doppelknockout-Linie *myb28 myb29* gegenüber dem Wildtyp Col-0 einen signifikant reduzierten Gehalt an den aliphatischen Glucosinolaten 3-Methylsulfinylpropyl-, 4-Methylthiobutyl-, 4-Methylsulfinylbutyl-, 5-Methylsulfinylpentyl-, 7-Methylthioheptyl-, 7-Methylsulfinylheptyl-, 8-Methylthiooctyl-, und 8-Methylsulfinyloctylglucosinolat auf. Die Doppelknockout-Linie *cyp79B2 cyp79B3* zeigte einen reduzierten Gehalt an den Indolglucosinolaten Indol-3-ylmethyl-, *N*-Methoxyindol-3-ylmethyl-, 4-Methoxyindol-3-ylmethyl- und 4-Hydroxyindol-3-ylmethylglucosinolat. Diese *cyp79B2 cyp79B3*-Linie wies gegenüber dem Wildtyp zusätzlich verringerte Mengen der aliphatischen Glucosinolate 8-Methylthiooctyl- und 8-Methylsulfinyloctylglucosinolat auf, welche jedoch auch im Wildtyp Col-0 nur in geringen Mengen vorkommen. Weiterhin wurde die Kreuzung aus den beiden Doppelknockoutmutanten, die Vierfachknockoutmutante *cyp79B2 cyp79B3 myb28 myb29* verwendet, welche nur noch sehr geringe Mengen Glucosinolate enthält. Somit entsprachen die analysierten Mutanten auch unter unseren Wachstumsbedingungen den erwarteten Phänotypen. Der Wildtyp Col-0 mit unverändertem Glucosinolatgehalt wurde als Kontrolle eingesetzt [Abb. 10, Tab. 8].

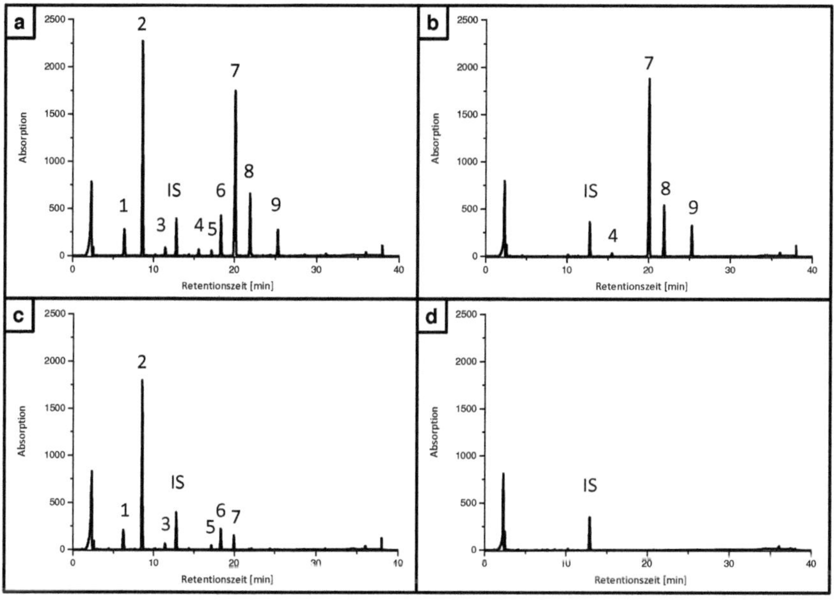

Abb. 10: Glucosinolatprofil von *A. thaliana*-Genotypen mit unterschiedlichen Gehalten an aliphatischen und indolischen Glucosinolaten

Gezeigt sind HPLC-Chromatogramme der korrespondierenden Desulfoglucosinolaten: (a) Wildtyp Col-0. (b) myb28 myb29-Doppelknockout-Linie (c) cyp79B2 cyp79B3-Doppelknockout-Linie (d) cyp79B2 cyp79B3 myb28 myb29-Vierfachknockout-Linie. IS: Interner Standard, 1: 3-Methylsulfinylpropyl-, 2: 4-Methylsulfinylbutyl-, 3: 5-Methylsulfinylpentyl-, 4: 4-Hydroxyindol-3-ylmethyl-, 5: 7-Methylthioheptyl-, 6: 4-Methylthiobutyl-, 7: Indol-3-ylmethyl-, 8: 4-Methoxyindol-3-ylmethyl- , 9: N-Methoxyindol-3-ylmethylglucosinolat.

Tab. 8: Glucosinolatgehalt in Rosettenblättern von *A. thaliana*-Genotypen mit unterschiedlichen Gehalten an aliphatischen und indolischen Glucosinolaten

Die in Biotests verwendeten Pflanzenlinien Col-0, *cyp79B2 cyp79B3, myb28 myb29* und *cyp79B2 cyp79B3 myb28 myb29* wurden mittels HPLC-Analytik auf ihren Glucosinolatgehalt untersucht. Angegeben ist der mittlere berechnete Glucosinolatgehalt in nmol/mg Frischgewicht ± Standardabweichung für n = 5 Individuen, signifikanter Unterschied zu Col-0 in Fettschrift ($p < 0{,}05$; Student's t-Test oder Mann-Whitney U-Test); n.d. = nicht detektiert; Abkürzungen der Glucosinolatseitenkette: 3MSP = 3-Methylsulfinylpropyl, 4MTB = 4-Methylthiobutyl, 4MSB = 4-Methylsulfinylbutyl, 5MSP = 5-Methylsulfinylpentyl, 7MTH = 7-Methylthioheptyl, 7MSH = 7-Methylsulfinylheptyl, 8MTO = 8-Methylthiooctyl, 8-MSO = 8-Methylsulfinyloctyl, I3M = Indol-3-ylmethyl, 4MOI3M = 4-Methoxyindol-3-ylmethyl, NMOI3M = *N*-Methoxyindol-3-ylmethyl, 4OHI3M = 4-Hydroxyindol-3-ylmethyl.

Glucosinolat	Col-0	*cyp79B2 cyp79B3*	*myb28 myb29*	*cyp79B2 cyp79B3 myb28 myb29*
3MSP	0,82 ± 0,25	0,64 ± 0,17	**0,01 ± 0,00**	**0,01 ± 0,00**
4MTB	0,80 ± 0,16	0,65 ± 0,11	**n.d.**	**0,00 ± 0,00**
4MSB	5,03 ± 0,92	4,50 ± 1,28	**0,00 ± 0,00**	**0,01 ± 0,01**
5MSP	0,92 ± 0,17	1,28 ± 0,16	**0,02 ± 0,01**	**n.d.**
7MTH	0,02 ± 0,00	0,02 ± 0,00	**n.d.**	**n.d.**
7MSH	0,11 ± 0,04	0,09 ± 0,03	**n.d.**	**n.d.**
8MTO	0,04 ± 0,01	**0,02 ± 0,01**	**n.d.**	**0,01 ± 0,00**
8MSO	0,01 ± 0,01	**n.d.**	0,00 ± 0,00	**n.d.**
Gesamt aliphatisch	6,99 ± 1,42	6,08 ± 1,64	**0,03 ± 0,01**	**0,03 ± 0,01**
I3M	1,08 ± 0,24	**0,08 ± 0,02**	1,20 ± 0,44	**0,00 ± 0,00**
4MOI3M	0,35 ± 0,02	**0,02 ± 0,01**	0,34 ± 0,05	**0,00 ± 0,00**
NMOI3M	0,30 ± 0,36	**0,00 ± 0,00**	0,19 ± 0,07	**n.d.**
4OHI3M	0,04 ± 0,02	**0,00 ± 0,00**	0,02 ± 0,01	**n.d.**
Gesamt indolisch	1,78 ± 0,64	**0,09 ± 0,02**	1,76 ± 0,57	**0,00 ± 0,00**

3.1.2 Entwicklung von *Pieris rapae*

Um den Einfluss von aliphatischen Glucosinolaten und Indolglucosinolaten auf die Entwicklung von *P. rapae* zu untersuchen, wurde das durchschnittliche Larvengewicht am zehnten Tag nach Fraß auf den vier verschiedenen Pflanzenlinien als Fitnessparameter bestimmt. Dazu wurden frisch geschlüpfte Larven individuell auf einzelne Pflanzen der zu untersuchenden Linie gebracht und die Tiere nach zehn Tagen Wachstum gewogen. Dieser Zeitpunkt stellte sich als günstig heraus, da Wachstums- und Häutungsphasen zum Großteil abgeschlossen, die Verpuppung mit vorhergehender Fraßpause und Gewichtsverlust aber noch nicht eingeleitet worden war. Zusätzlich wurde in weiteren Versuchen die Dauer der

Larvalentwicklung auf den Doppelknockout-Linien *myb28 myb29* und *cyp79B2 cyp79B3* jeweils im Vergleich zum Wildtyp Col-0 als weiteres Fitnessmaß bestimmt.

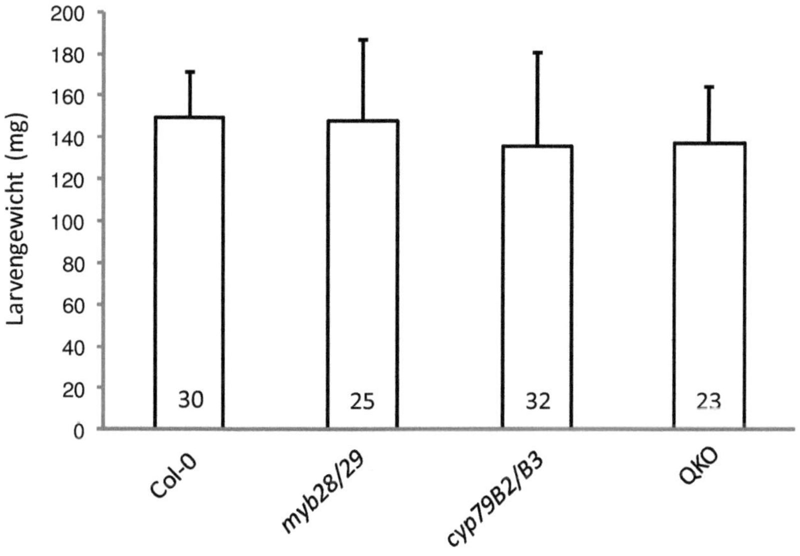

Abb. 11: Larvengewicht von *P. rapae* nach zehn Tagen auf *A. thaliana*-Genotypen mit unterschiedlichen Gehalten an aliphatischen und indolischen Glucosinolaten

Frisch geschlüpfte Larven von *P. rapae* wurden individuell auf Einzelpflanzen einer der vier zu testenden *A. thaliana*-Genotypen angezogen und nach zehn Tagen gewogen. Dargestellt ist das mittlere Larvengewicht +/- Standardabweichung. Die Zahl in den Balken bezeichnet die jeweilige Stichprobenzahl. Abgebildet sind die Ergebnisse aus einem Versuch, eine unabhängige Wiederholung des Versuchs erbrachte ähnliche Ergebnisse. *myb28/29*: Doppelknockout-Linie (ohne aliphatische Glucosinolate), *cyp79B2/B3*: Doppelknockout-Linie (ohne Indolglucosinolate), QKO: Vierfachknockout-Linie (ohne aliphatische und indolische Glucosinolate) (Müller et al., 2010). Statistische Unterschiede nicht signifikant (einfaktorielle ANOVA).

Larven von *P. rapae* erreichten innerhalb von zehn Tagen auf allen vier Linien ein mittleres Gewicht von 135-149 mg. Die Abwesenheit von aliphatischen Glucosinolaten und Indolglucosinolaten hatte keinen signifikanten Einfluss auf die Entwicklung von *P. rapae* bis zum Tag 10 [Abb. 11]. Es wurden alle getesteten Pflanzenlinien als Nahrung akzeptiert, auch die Vierfachknockout-Linie *cyp79B2 cyp79B3 myb28 myb29*, welche nur noch minimale Mengen an Glucosinolat enthielt. Dieser noch vorhandene geringe Gehalt war als Fraßstimulanz für *P. rapae* offenbar noch ausreichend. Da das Wachstum der Insekten auf allen Linien nicht signifikant unterschiedlich verlief, war der Nährwert der Pflanzen für die Larven unabhängig von Art und Gehalt an Glucosinolaten.

In weiterführenden Experimenten wurden Gruppen von zehn Larven auf jeweils vier Pflanzen der Genotypen Col-0, *myb28 myb29* und *cyp79B2 cyp79B3* vom Schlupf bis zur Verpuppung gehalten und die Zeitpunkte bis zum Ende des Larvenstadiums bestimmt. Dabei konnte im Gegensatz zu Versuchen, welche nur die ersten zehn Tage der Entwicklung betrachteten, ein Einfluss von Glucosinolaten auf die weitere Entwicklung von *P. rapae* nachgewiesen werden. Es zeigte sich in diesen Versuchen bei der *myb28 myb29*-Linie eine um einen Tag verlängerte Larvalphase. Die Entwicklungsdauer auf der Linie *cyp79B2 cyp79B3* unterschied sich nicht signifikant von der auf Col-0 [Abb. 12]. Somit beeinflussen aliphatische Glucosinolate zwar nicht das Larvengewicht kurz vor der Verpuppung, dennoch hat deren Abwesenheit eine verlängerte Larvalentwicklung zur Folge.

3.1.3 Futterwahlverhalten von *Pieris rapae*

Zur Untersuchung der Futterpräferenz von *P. rapae* wurde den Larven die freie Wahl zwischen den verschiedenen Pflanzenlinien als Nahrungsquelle gelassen. Die einzelnen Wahlexperimente fanden in Pflanztöpfen statt, in der je eine Pflanze von zwei zu vergleichenden Linien gegenübergesetzt waren. Auf diese Weise konnten alle möglichen Paarungen der vier Pflanzenlinien getestet werden. Das Pflanzenalter betrug etwa sechs Wochen, um einerseits über die Versuchsdauer von 24 h der Larve auch bei einseitiger Präferenz genug Nahrung zu bieten, andererseits aber auch die Blattüberlappung zwischen den Testpflanzen zu minimieren. Die verwendeten Larven des Stadiums L3/L4 (50-80 mg) waren ausreichend mobil und konnten innerhalb der Versuchsdauer eine zur Auswertung ausreichend große Blattfläche konsumieren. Diese wurde, um subjektive Einflüsse durch Schätzen weitgehend auszuschließen, durch Analyse von eingescannten Pflanzenbildern und manuelles Ergänzen der gefressenen Blattflächen vorgenommen [Abb. 8]. Dadurch konnte die tatsächlich konsumierte Blattfläche sehr genau bestimmt werden.

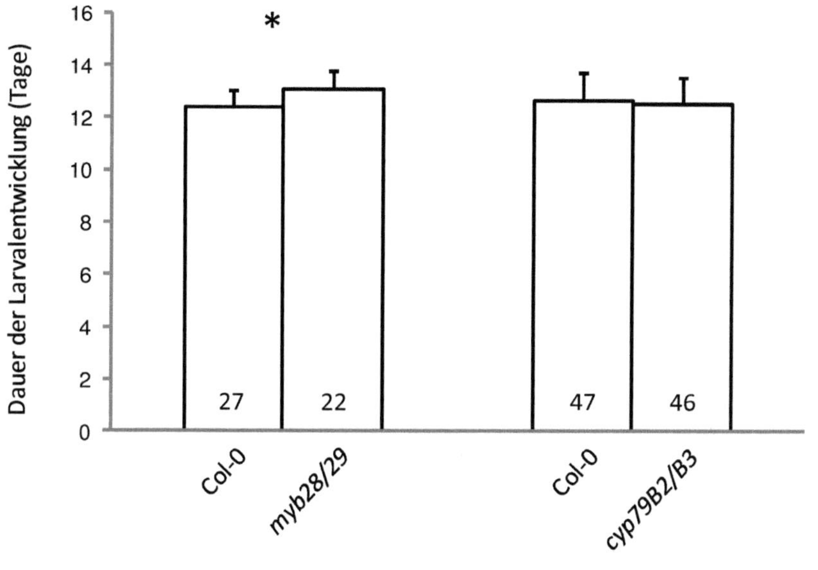

Abb. 12: Dauer der Larvalentwicklung von *P. rapae* auf verschiedenen *A. thaliana*-Genotypen mit unterschiedlichen Gehalten an aliphatischen und indolischen Glucosinolaten

Frisch geschlüpfte Larven von *P. rapae* wurden auf den zu testenden *A. thaliana*-Genotypen angezogen (je zehn Larven auf vier Pflanzen), und die Zeitpunkte bis zur Verpuppung wurden bestimmt. Dargestellt ist die mittlere Dauer der Larvalentwicklung +/- Standardabweichung für jede der Linien, die Zahl in den Balken bezeichnet die jeweilige Stichprobenzahl. Sterne (Mann-Whitney U-Test) markieren Signifikanz ($p < 0,05$) gegenüber der Col-0-Kontrolle. Abgebildet sind die Ergebnisse aus einem Versuch, eine unabhängige Wiederholung des Versuchs erbrachte ähnliche Ergebnisse. *myb28/29*: Doppelknockout-Linie (ohne aliphatische Glucosinolate), *cyp79B2/B3*: Doppelknockout-Linie (ohne Indolglucosinolate) (Müller et al. 2010).

Als Ergebnis wurde der Wildtyp Col-0 von *P. rapae* im Vergleich zu den anderen Pflanzenlinien mit reduziertem Glucosinolatgehalt stets bevorzugt. Waren wie in der Vierfachknockout-Linie *cyp79B2 cyp79B3 myb28 myb29* sowohl aliphatische als auch indolische Glucosinolate ausgeschaltet, wurden die Pflanzen von *P. rapae* fast vollständig gemieden und jede andere im Vergleich dazu getestete Pflanzenlinie, die noch Glucosinolate enthielt, deutlich bevorzugt [Abb. 13].

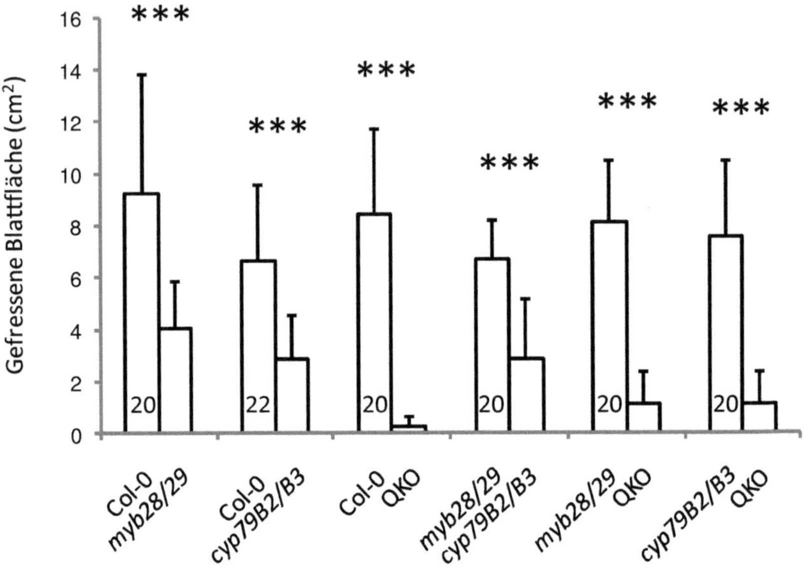

Abb. 13: Futterwahlverhalten von *P. rapae* in paarweisen Choice-Tests auf *A. thaliana*-Genotypen mit unterschiedlichen Gehalten an aliphatischen und indolischen Glucosinolaten

Larven von *P. rapae* hatten für 24 h die freie Futterwahl zwischen zwei *A. thaliana*-Genotypen. Dargestellt ist die mittlere gefressene Blattfläche +/- Standardabweichung, Zahlen in den Balken bezeichnen die Stichprobenzahl, Sterne (Student´s t-Test für gepaarte Stichproben) markieren die Signifikanz gegenüber Col-0 (***: $p < 0{,}001$) Abgebildet sind die Ergebnisse aus einem Versuch, eine unabhängige Wiederholung des Versuchs erbrachte ähnliche Resultate. *myb28/29*: Doppelknockout-Linie (ohne aliphatische Glucosinolate), *cyp79B2/B3*: Doppelknockout-Linie (ohne Indolglucosinolate), QKO: Vierfachknockout-Linie (ohne aliphatische und indolische Glucosinolate) (Müller et al. 2010).

Somit spielen Glucosinolate eine erhebliche Rolle bei der Futterakzeptanz von *P. rapae*. Waren aliphatische Glucosinolate nicht vorhanden, war bereits eine deutliche Fraßreduktion zu beobachten. Derselbe Effekt wurde auch bei Abwesenheit der Indolglucosinolate festgestellt. Im direkten Vergleich der Pflanzenlinien *myb28 myb29* und *cyp79B2 cyp79B3* zeigte sich daß die Linie *myb28 myb29* von *P. rapae* bevorzugt und stärker befressen wurde [Abb. 13].

3.1.4 Wahlverhalten von *Pieris rapae* bei der Eiablage

Adulte Weibchen von *P. rapae* wurden nach ihrer Befruchtung einer viertägigen Wartezeit zur Erzeugung eines Eiablagedrucks unterzogen, damit im Versuchszeitfenster möglichst viele Eier abgelegt wurden. Anschließend hatten die zur Eiablage bereiten Weibchen für 24 h die freie Wahl zwischen zwei verschiedenen Pflanzen, die jeweils einen der zu testenden Genotypen repräsentierten. Hierbei zeigte sich, dass nur die fast gänzliche Abwesenheit von Glucosinolaten einen signifikanten Einfluss auf das Eiablageverhalten hatte [Abb. 14].

Gegenüber der Vierfachknockout-Linie *cyp79B2 cyp79B3 myb28 myb29* wurden Pflanzen des Wildtyps Col-0 deutlich bevorzugt. Auf *myb28 myb29* und *cyp79B2 cyp79B3* wurden nur in jeweils einem von zwei unabhängigen Versuchen signifikant mehr Eier im Vergleich zur Vierfachmutanten abgelegt. Ein unterschiedlicher Effekt von Indol- oder aliphatischen Glucosinolaten konnte nicht nachgewiesen werden.

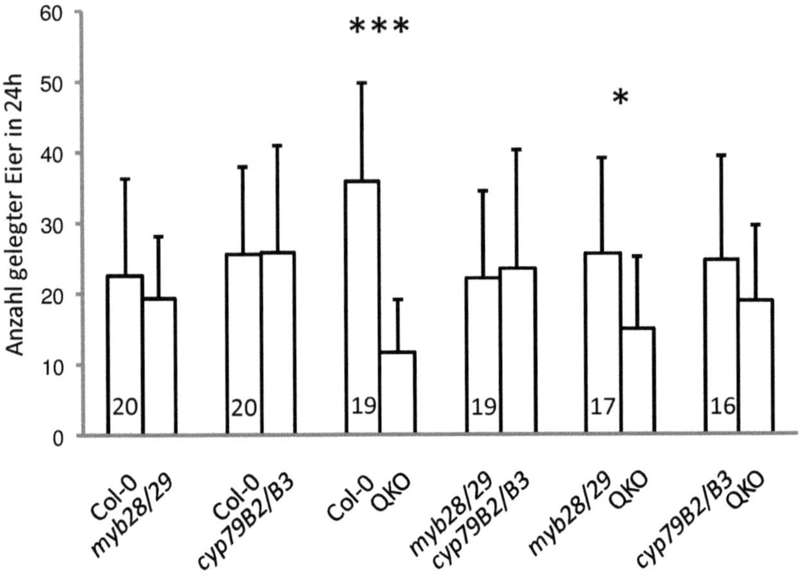

Abb. 14: Wahlverhalten von *P. rapae* bei der Eiablage auf *A. thaliana*-Genotypen mit unterschiedlichen Gehalten an aliphatischen und indolischen Glucosinolaten

Adulte Weibchen von *P. rapae* hatten zur Eiablage für 24h die freie Wahl zwischen zwei *A. thaliana*-Genotypen. Dargestellt ist die mittlere Anzahl gelegter Eier +/- Standardabweichung, Zahlen in den Balken bezeichnen die Stichprobenzahl. Sterne markieren die Signifikanz (Student´s t-Test für gepaarte Stichproben) gegenüber der Col-0-Kontrolle (*: $p < 0{,}05$; ***: $p < 0{,}001$). Abgebildet sind die Ergebnisse aus einem Versuch, eine unabhängige Wiederholung des Versuchs erbrachte bei geringerer Stichprobenzahl bis auf den *cyp79B2/B3*-QKO-Vergleich nicht signifikante Resultate ähnlicher Tendenz. *myb28/29*: Doppelknockout-Linie (ohne aliphatische Glucosinolate), *cyp79B2/B3*: Doppelknockout-Linie (ohne Indolglucosinolate), QKO: Vierfachknockout-Linie (ohne aliphatische und indolische Glucosinolate) (Müller et al. 2010).

3.2 Der Einfluss von Benzylglucosinolat auf Generalisten und Spezialisten

3.2.1 Glucosinolatprofil der verwendeten Pflanzenlinien

Zur Untersuchung der Effekte von Benzylglucosinolat auf generalistische und spezialisierte Insekten wurde die transgene *A. thaliana* 35S::CYP79A2-Linie verwendet, welche zusätzlich zum Glucosinolathintergrund des Wildtyps Col-0 durch Überexpression von CYP79A2 größere Mengen an Benzylglucosinolat produziert. Zum Vergleich wurde die Vektorkontrolllinie pPZP111 genutzt, deren Glucosinolatprofil dem des Wildtyps Col-0 entspricht. Zur Überprüfung des Glucosinolatgehaltes wurde von beiden Linien stichprobenartig das Glucosinolatprofil bestimmt [2.3.1]. Als Ergebnis zeigte sich, dass die 35S::CYP79A2-Linie wie erwartet zusätzlich größere Mengen an Benzylglucosinolat enthielt (3,59 ± 1,21 nmol/mg Frischgewicht) und die Vektorkontrolllinie dem Wildtyp Col-0 entsprach [Abb. 15, Tab. 9]. Des Weiteren wurden zur Überprüfung der beiden Linien von Individuen mehrerer Aussaaten stichprobenartig etwa 300 mg frische unbeschädigte Rosettenblätter zur Analyse der Glucosinolat-Hydrolyseprodukte geerntet [2.3.2]. In Homogenaten dieser Blätter wurden die Hydrolyseprodukte der Hauptglucosinolate 4-Methylsulfinylbutylglucosinolat bzw. Benzylglucosinolat nachgewiesen. Es zeigte sich, dass die Pflanzen die Hauptglucosinolate vor allem zu den korrespondierenden Nitrilen umsetzten, wobei 4-Methylsulfinylbutylcyanid in der Vektorkontrolle einen Anteil von 66 % an der Menge der Gesamthydrolyseprodukte des 4-Methylsulfinylbutylglucosinolats hatte und in *A. thaliana* 35S::CYP79A2 einen Anteil von 70,8 %. Benzylcyanid entstand in der Linie 35S::CYP79A2 mit einem Anteil von 33,1 % der Gesamthydrolyseprodukte des Benzylglucosinolats.

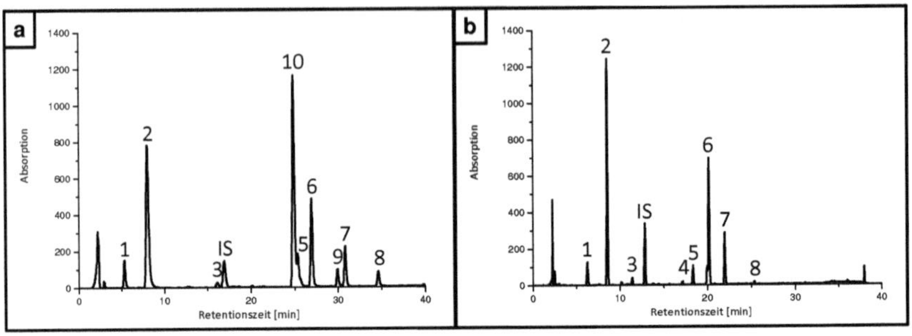

Abb. 15: Glucosinolatprofil von *A. thaliana*-Genotypen mit und ohne Benzylglucosinolat

Gezeigt sind HPLC-Chromatogramme der korrespondierenden Desulfoglucosinolate von (a) 35S::CYP79A2 (b) pPZP111. IS: Interner Standard, 1: 3-Methylsulfinylpropyl-, 2: 4-Methylsulfinylbutyl-, 3: 5-Methylsulfinylpentyl-, 4: 7-Methylsulfinylheptyl-, 5: 4-Methylthiobutyl-, 6: Indol-3-ylmethyl-, 7: 4-Methoxyindol-3-ylmethyl-, 8: N-Methoxyindol-3-ylmethyl-, 9: 8-Methylsulfinyloctyl-, 10: Benzylglucosinolat.

Tab. 9: Glucosinolatgehalt in Rosettenblättern von *A. thaliana*-Genotypen mit und ohne Benzylglucosinolat

Die in Biotests verwendeten Pflanzenlinien 35S::CYP79A2 und die Vektorkontrolllinie pPZP111 wurden mittels HPLC auf ihren Glucosinolatgehalt untersucht. Dargestellt ist der mittlere Glucosinolatgehalt in nmol/mg Frischgewicht ± Standardabweichung für n = 7 Individuen aus einer Aussaat, signifikante Unterschiede zu pPZP111 in Fettschrift ($p < 0{,}05$, Student's t-Test oder Mann-Whitney U-Test); n.d. = nicht detektiert; Abkürzungen der Glucosinolatseitenkette: 3MSP = 3-Methylsulfinylpropyl, 4MSB = 4-Methylsulfinylbutyl, 5MSP = 5-Methylsulfinylpentyl, 7MTH = 7-Methylthioheptyl, 8MTO = 8-Methylthiooctyl, 8-MSO = 8-Methylsulfinyloctyl, I3M = Indol-3-ylmethyl, 4MOI3M = 4-Methoxyindol-3-ylmethyl, NMOI3M = *N*-Methoxyindol-3-ylmethyl.

Glucosinolat	35S::CYP79A2	pPZP111
3MSP	0,45 ± 0,23	0,49 ± 0,25
4MSB	2,88 ± 1,61	3,17 ± 1,97
5MSP	0,09 ± 0,01	0,13 ± 0,06
7MTH	**n.d.**	0,01 ± 0,01
8MTO	**n.d.**	0,02 ± 0,01
8MSO	0,26 ± 0,14	0,27 ± 0,15
Benzyl	**3,59 ± 1,21**	**n.d.**
I3M	0,66 ± 0,15	0,93 ± 0,42
4MOI3M	**0,25 ± 0,02**	0,34 ± 0,05
NMOI3M	0,01 ± 0,01	0,02 ± 0,01

Zusätzlich wurde zur Charakterisierung der Linien die Trichomzahl der Rosettenblätter beider Linien bestimmt [2.3.3], da die Anzahl der Blatthaare als Verteidigungsstruktur das Futterakzeptanz- und Fraßverhalten von Larven beeinflussen kann. Die Blätter der transgenen Linie 35S::CYP79A2 wiesen zwar mit durchschnittlich 63,7 ± 18,2 Trichomen pro cm² auf der Blattoberseite eine geringere Zahl als die Vektorkontrolle mit 81,0 ± 19,3 Trichomen auf, dieser Unterschied war jedoch statistisch nicht signifikant.

3.2.2 Entwicklung von *Pieris rapae* und *Spodoptera exigua*

Um den Einfluss von Benzyglucosinolat auf Lepidopterenlarven zu untersuchen, wurden *A. thaliana* 35S::CYP79A2 und die Vektorkontrolllinie pPZP111 verwendet. Als Modellinsekt für generalistische Herbivoren diente *S. exigua*, als Spezialist wurde *P. rapae* ausgewählt. Um eine möglichst hohe Stichprobenzahl bei geringem Futterverbrauch zu erreichen, wurden Gruppen von zehn frisch geschlüpften Larven auf Töpfe mit vier Pflanzen eines Genotyps gebracht und nach sieben Tagen täglich gewogen. In allen durchgeführten Versuchen verlief das Wachstum des Generalisten *S. exigua* auf 35S::CYP79A2 deutlich langsamer als auf der Vektorkontrolle, auf der die Larven nach zehn Tagen durchschnittlich mindestens doppelt so schwer waren [Abb. 16, Tab. 10]. Zusätzlich war auf der transgenen Linie die Mortalität im Vergleich zur Vektorkontrolle höher. In den Einzelexperimenten wurden etwa 60 % der Gesamtverluste an Larven von *S. exigua* auf der 35S::CYP79A2-Linie festgestellt.

Bei dem Spezialisten *P. rapae* dagegen verliefen die Experimente insgesamt weniger einheitlich. In zwei von neun durchgeführten Einzelexperimenten wurden auf der Vektorkontrolle signifikant schwerere Larven gefunden, in zwei weiteren Versuchen auf der 35S::CYP79A2-Linie. In den verbleibenden fünf Experimenten waren jedoch zwischen den Linien keine signifikanten Unterschiede bezüglich des Larvengewichtes am Tag 10 festzustellen [Tab. 10]. So wurde der untersuchte Spezialist weit weniger stark als der Generalist von Benzylglucosinolat beeinflusst.

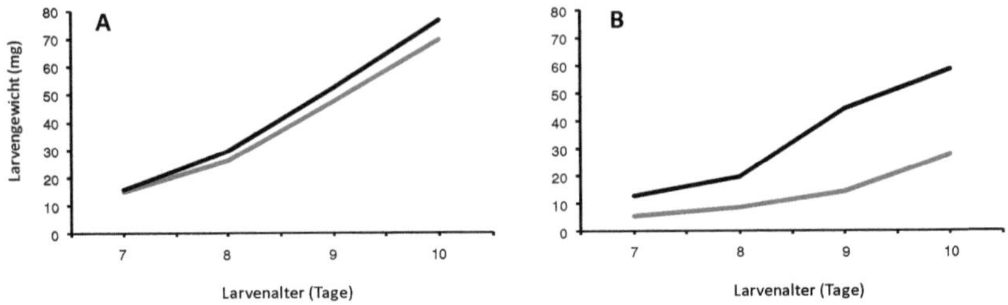

Abb. 16: Wachstumskurve von *P. rapae* und *S. exigua* auf *A. thaliana*-Genotypen mit und ohne Benzylglucosinolat

Gruppen von je zehn frisch geschlüpften Larven von *P. rapae* (A) und *S. exigua* (B) wurden auf 35S::CYP79A2 (graue Linie) oder der Vektorkontrolllinie pPZP111 (schwarze Linie) angezogen und nach sieben Tagen täglich gewogen. Dargestellt ist das mittlere Gewicht der Individuen in Abhängigkeit vom Larvenalter bis zum Tag 10.

Tab. 10: Wachstum von Larven von *P. rapae* und *S. exigua* auf *A. thaliana*-Genotypen mit und ohne Benzylglucosinolat

Gruppen von je zehn frisch geschlüpften Larven von *P. rapae* und *S. exigua* wurden auf 35S::CYP79A2 oder der Vektorkontrolllinie pPZP111 angezogen und nach 10 Tagen gewogen. Dargestellt ist das mittlere Gewicht aller Individuen +/- Standardabweichung für jede der Linien in allen durchgeführten Einzelexperimenten. p: Signifikanzniveau (Student´s t-Test, Mann-Whitney U-Test) , n: Stichprobenzahl.

Pieris rapae	**Experiment**	**35S::CYP79A2**	**pPZP111**	**n**	**p**
Larvengewicht am Tag 10 (mg)	1	119,4 ± 42,9	93,0 ± 42,9	37-38	**0,01**
	2	103,9 ± 47,1	78,0 ± 50,6	33-38	**0,035**
	3	59,3 ± 33,1	82,0 ± 29,6	47-50	**0,043**
	4	89,0 ± 39,3	108,5 ± 42,9	43-45	**0,022**
	5	111,1 ± 33,1	98,3 ± 42,3	48-49	n.s.
	6	101,1 ± 43,3	77,7 ± 52,1	28-35	n.s.
	7	83,2 ± 44,9	88,2 ± 44,9	23-31	n.s.
	8	69,4 ± 38,7	76,6 ± 45,5	45	n.s.
	9	131,9 ± 41,3	120,7 ± 50,2	47-48	n.s.
Spodoptera exigua					
Larvengewicht am Tag 10 (mg)	1	28,0 ± 20,2	58,6 ± 27,6	20	**<0,001**
	2	11,6 ± 8,3	35,8 ± 23,0	9-11	**0,023**
	3	12,8 ± 12,5	34,4 ± 25,4	29-43	**<0,001**

3.2.3 Futterwahlverhalten von *Pieris rapae* und *Spodoptera exigua*

Zur Untersuchung des Einflusses von Benzylglucosinolat auf das Futterwahlverhalten von Spezialisten und Generalisten wurden einzelne Larven von *P. rapae* und *S. exigua* in eine Versuchsarena gebracht, in der je drei Pflanzen der zu untersuchenden Genotypen 35S::CYP79A2 und pPZP111 zufällig verteilt waren. Die Larven durften anschließend für 24 h ihre Nahrung frei wählen. In der anschließenden Auswertung wurde pro Arena die mittlere konsumierte Blattfläche der drei Pflanzen für beide Genotypen bestimmt. Auch in diesem Experiment zeigte sich ein deutlicher negativer Effekt von Benzylglucosinolat auf die Futterakzeptanz des Generalisten *S. exigua* [Tab. 11]. In allen durchgeführten Einzelexperimenten wurde von der Vektorkontrolllinie mehr Blattfläche konsumiert als von der 35S::CYP79A2-Linie. Dieses Ergebnis erwies sich für 75 % der durchgeführten Einzelversuche als signifikant. Für den Spezialisten *P. rapae* wurde kein einheitliches Ergebnis erhalten [Tab. 11]. In drei von acht Einzelexperimenten wurde die Vektorkontrolllinie gegenüber der transgenen Linie 35S::CYP79A2 bevorzugt, in den meisten Versuchen dagegen zeigte *P. rapae* keine signifikante Präferenz für eine der beiden Linien. Benzylglucosinolat hat also

Tab. 11: Futterwahlverhalten von *P. rapae* und *S. exigua* in paarweisen Choice-Tests mit *A. thaliana*-Genotypen mit und ohne Benzylglucosinolat

Larven von *P. rapae* und *S. exigua* hatten für 24 h die freie Futterwahl zwischen je drei Pflanzen von *A. thaliana* 35S::CYP79A2 und der Vektorkontrolllinie pPZP111. Dargestellt ist die mittlere gefressene Blattfläche +/- Standardabweichung für alle durchgeführten Einzelexperimente. p: Signifikanzniveau (Student´s t-Test für gepaarte Stichproben), n: Stichprobenzahl.

Pieris rapae	**Experiment**	**35S::CYP79A2**	**pPZP111**	**n**	**p**
gefressene Blattfläche (cm²)	1	9,7 ± 3,7	15,3 ± 5,6	11	**0,015**
	2	8,8 ± 3,1	12,3 ± 4,8	6	**0,011**
	3	11,1 ± 2,7	16,5 ± 2,9	8	**0,017**
	4	5,7 ± 1,4	5,3 ± 3,0	8	n.s.
	5	6,9 ± 3,9	9,9 ± 6,1	9	n.s.
	6	17,2 ± 4,2	15,3 ± 8,5	7	n.s.
	7	6,9 ± 3,6	7,9 ± 3,7	8	n.s.
	8	7,8 ± 3,4	6,1 ± 1,7	8	n.s.
Spodoptera exigua					
gefressene Blattfläche (cm²)	1	1,4 ± 1,0	3,7 ± 2,1	9	**0,008**
	2	8,0 ± 4,0	14,7 ± 6,8	8	**0,017**
	3	6,0 ± 3,3	10,0 ± 4,9	14	**0,011**
	4	4,5 ± 2,1	6,1 ± 1,4	7	n.s.

offenbar bei der Futterwahl des Generalisten einen stärkeren abschreckenden Effekt als bei der Futterwahl des Spezialisten.

3.2.4 Eiablage-Wahlverhalten von *Pieris rapae*

Bei der Durchführung eines Eiablage-Wahlexperimentes [2.4.2.3] war aufgrund der problematischen Zucht von *S. exigua* leider kein Vergleich zwischen Generalisten und Spezialisten möglich, so dass die Versuche nur mit *P. rapae* durchgeführt wurden. Nachdem der Einfluss von Benzylglucosinolat auf Entwicklung und Futterwahl bei *P. rapae* im Vergleich zum Generalisten weniger stark war, konnte bei der Eiablage ein deutlich abschreckender Effekt des Benzylglucosinolats beobachtet werden [Tab. 12]. Insgesamt wurden in allen durchgeführten Einzelversuchen auf der Vektorkontrolllinie pPZP111 mehr Eier abgelegt als auf der transgenen 35S::CYP79A2-Linie. In drei der vier durchgeführten Einzelversuche stellte sich dieser Unterschied als signifikant heraus.

Tab. 12: Wahlverhalten von *P. rapae* bei der Eiablage auf *A. thaliana*-Genotypen mit und ohne Benzylglucosinolat

Adulte Weibchen von *P. rapae* hatten zur Eiablage für 24 h die freie Wahl zwischen je einer Pflanze der zu testenden *A. thaliana* 35S::CYP79A2 und der Vektorkontrolllinie pPZP111. Dargestellt ist die mittlere Anzahl gelegter Eier +/- Standardabweichung in allen durchgeführten Einzelexperimenten. p: Signifikanzniveau (Students t-Test für gepaarte Stichproben), n: Stichprobenzahl.

Pieris rapae	Experiment	35S::CYP79A2	pPZP111	n	p
Anzahl Eier in 24 h	1	17,2 ± 7,3	24,8 ± 14,8	18	**0,046**
	2	24,0 ± 15,1	36,8 ± 16,6	20	**0,006**
	3	16,2 ± 10,4	24,4 ± 12,2	17	**0,049**
	4	18,2 ± 11,3	22,3 ± 13,3	20	n.s.

3.3 Expression von Nitrilspezifizierenden Proteinen in *Arabidopsis thaliana*

3.3.1 Induktion von *AtNSP1* durch Fraß von *Pieris rapae*

In früheren Arbeiten wurde im Wildtyp Col-0 nach 24 h Fraß von *S. littoralis* in Blatthomogenaten ein signifikanter Anstieg der Nitrilbildung von 40 % auf 65 % der Gesamtmenge der Hydrolyseprodukte des Hauptglucosinolats 4-Methylsulfinylbutylglucosinolat beobachtet (Müller, 2005). Da dieser Arabidopsis-Ökotyp kein funktionelles AtESP enthält, wurde mittels Datenbank auf Grundlage der ESP-cDNA aus *A. thaliana Ler* nach ähnlichen Proteinen gesucht, die für die Nitrilbildung verantwortlich sein könnten. Identifiziert wurden fünf AtNSPs mit 50-60 % Sequenzidentität zu AtESP auf Aminosäureebene, die bei der Myrosinase-katalysierten Hydrolyse von Glucosinolaten die Bildung von Nitrilen bewirken (Burow et al., 2009). Nach Charakterisierung von verschiedenen *A. thaliana*-Linien mit T-DNA-Insertionen im Bereich der *AtNSP*-Gene (Losansky, 2008) wurde *AtNSP1* auf Induzierbarkeit durch Fraß von *P. rapae* untersucht.

Dazu wurden der *A. thaliana* Wildtyp Col-0 sowie die *Atnsp1*-Knockout-Linie SALK_072600 24 h lang dem Fraß von *P. rapae* ausgesetzt. Von dem beschädigten Blattmaterial sowie von unbefressenen Blättern wurde das Profil der Glucosinolathydrolyseprodukte bestimmt (Losansky, 2008). Zusätzlich wurde das Expressionsniveau von *AtNSP1* mittels semiquantitativer RT-PCR untersucht [2.6.1]. Als Negativkontrolle wurde die Expression von *AtESP* überprüft, welches im Wildtyp Col-0 nicht funktionell exprimiert wird.

In Homogenaten von Rosettenblättern des Wildtyps Col-0 wurde nach 24 h Herbivorenfraß ein Anstieg der Nitrilbildung von 40 % auf 80 % der Gesamthydrolyseprodukte des 4-Methylsulfinylbutylglucosinolats gemessen (Losansky, 2008). Diese Induktion der Nitrilbildung konnte in der *Atnsp1*-Knockout-Linie nicht beobachtet werden. Die Expression von *AtNSP1* war in von *P. rapae* beschädigten Blättern wesentlich höher als in Blättern unbehandelter Kontrollpflanzen und somit durch Herbivorie induzierbar [Abb. 17]. Unbeschädigte Blätter derselben Pflanze zeigten nach Herbivorie nur eine geringe Erhöhung des Expressionsniveaus von *AtNSP1*. Das zeigt, dass die Induktion von *AtNSP1* durch Herbivorie nur schwach systemisch, aber stark lokal stattfindet. In der *Atnsp1*-Knockout-Linie wurde erwartungsgemäß keine Expression von *AtNSP1* nachgewiesen, auch nicht nach Herbivorie durch *P. rapae* [Abb. 17]. Die Expression von *AtESP* konnte wie erwartet weder in Col-0 noch in *Atnsp1* beobachtet werden. Die Aktinkontrolle zeigte, dass von den Proben aus den drei Behandlungen jeweils vergleichbare Mengen an RNA für die RT-Reaktion eingesetzt wurden.

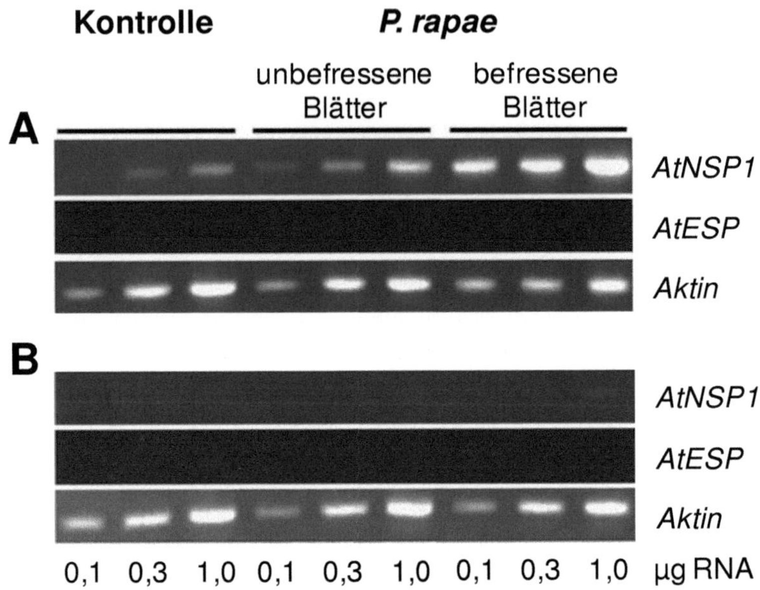

Abb. 17: Expressionsanalyse von spezifizierenden Proteinen in *A. thaliana* mittels RT-PCR

Pflanzen von *A. thaliana* Col-0 (A) und *Atnsp1* (B) wurden 24 h lang dem Fraß von *P. rapae* ausgesetzt bzw. als Kontrolle nicht behandelt. Aus den Rosettenblättern isolierte RNA wurde in den angegebenen Mengen in RT-Reaktionen eingesetzt. Die Transkriptionsniveaus von *AtNSP1*, *AtESP* sowie Aktin wurden mittels PCR untersucht. Die PCR-Produkte wurden gelelektrophoretisch aufgetrennt. Gezeigt sind Ethidiumbromid-gefärbte Agarosegele aus einem Versuch, eine unabhängige Wiederholung des genannten Versuchs erbrachte ähnliche Ergebnisse (Burow et al. 2009).

3.3.2 Organspezifische Expression von *AtNSPs* in *Arabidopsis thaliana* Col-0

Ausgehend von Microarraydaten (Genevestigator ©Nebion, ETH Zürich) (Hruz et al., 2008) wurden für *AtNSP1-AtNSP5* in verschiedenen Pflanzenorganen unterschiedliche Expressionsmuster erwartet [Abb. 18]. Zwischen *AtNSP1*, *AtNSP3* und *AtNSP4* konnte bei den vorliegenden Datensätzen aber aufgrund der hohen Sequenzähnlichkeit nicht differenziert werden (Detektion mit derselben Sonde). Deshalb sollte die Expression in dieser Arbeit mittels semiquantitativer RT-PCR unter Nutzung von spezifischen Primern für *AtNSP1-AtNSP5* [Tab. 5] analysiert werden. Für die RT-PCR wurde Probenmaterial von Keimlingen, Wurzeln, Rosettenblättern, seneszenten Blättern, Stängelblättern, Blüten und Schoten geerntet und die Gesamt-RNA isoliert. Diese wurde in einer anschließenden RT-PCR eingesetzt [2.6.2].

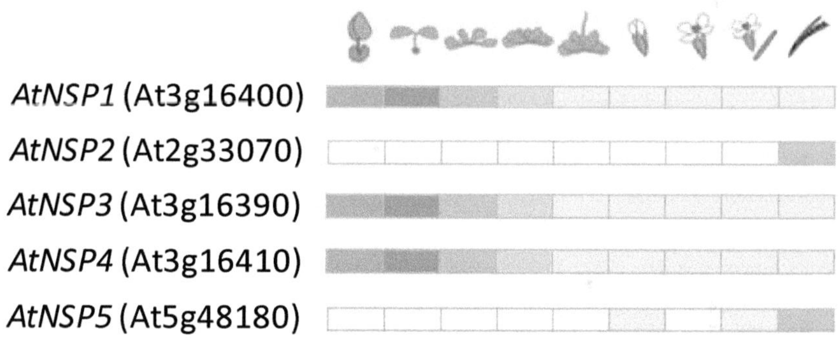

Abb. 18: Prognostiziertes Expressionsmuster von *AtNSP1-AtNSP5* in unterschiedlichen Pflanzenorganen

Schematisch dargestellt ist die zu erwartende Expression von *AtNSP1-AtNSP5* in verschiedenen Pflanzenorganen von *A. thaliana*. Dunklere Färbung entspricht stärkerer Expression. Organe sind (von links nach rechts): Keimblatt, Keimling, junge Rosettenblätter, entwickelte Rosettenblätter, alte Rosettenblätter und Stängel, junge Blüte, entwickelte Blüte, junge Schote, reife Schote und Samen. Abbildung erzeugt mit Genevestigator ©Nebion.

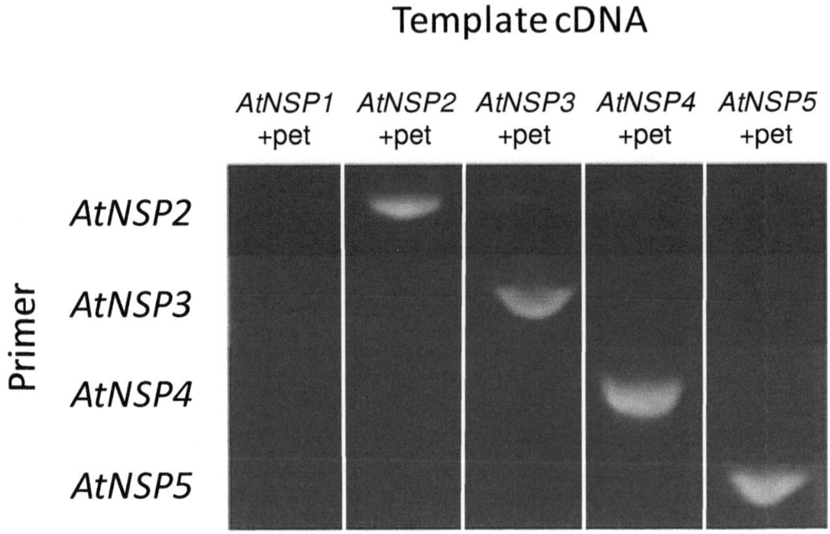

Abb. 19: Spezifität der verschiedenen *AtNSP*-Primer

Vektorkonstrukte mit cDNAs von *AtNSP1-AtNSP5* (horizontale Beschriftung) wurden in einer PCR als Template eingesetzt und mit *AtNSP2-AtNSP5*-spezifischen Primern amplifiziert (vertikale Beschriftung). Die PCR-Produkte wurden gelelektrophoretisch aufgetrennt. Gezeigt sind Ethidiumbromid-gefärbte Agarosegele aus einem Versuch, eine weitere unabhängige Wiederholung erbrachte ähnliche Ergebnisse.

Zur Überprüfung von Kreuzreaktionen der verwendeten Primer wurden diese mit Vektorkonstrukten aller *AtNSPs* in PCRs [Tab. 6] eingesetzt. Es zeigte sich, dass eine gute Spezifität erreicht wurde [Abb. 19]. Die Primer für *AtNSP1* konnten mit vorhandenen Vektorkonstrukten nicht getestet werden, da ein Primer in der UTR-Region des AtNSP1 hybridisierte. In Abb. 17 ist jedoch erkennbar, dass die Verwendung der *AtNSP1*-Primer nicht zur Amplifizierung von unerwünschten Fragmenten führt und so ebenfalls ausreichend spezifisch ist.

Um zu sichern, dass gleiche Mengen RNA in die RT-Reaktionen eingingen, wurden die RNA-Konzentrationen zunächst photometrisch bestimmt und nach elektrophoretischer Analyse gegebenenfalls eingestellt [Abb. 20].

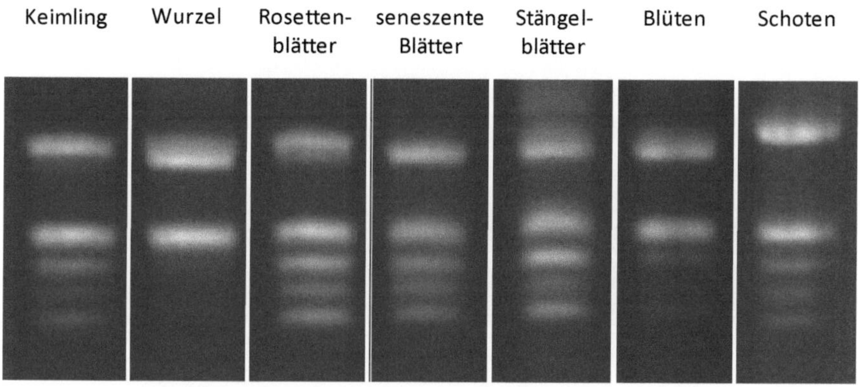

Abb. 20: RNA aus unterschiedlichen Organen von *A. thaliana*

Aus verschiedenen Organen des *A. thaliana* Wildtyps Col-0 wurde Gesamt-RNA isoliert und 1 µg auf ein Agarosegel aufgetragen und elektrophoretisch aufgetrennt. Diese Analyse diente als Ladekontrolle für die RT-Reaktionen [Abb. 21]. Gezeigt sind Ethidiumbromid-gefärbte Agarosegele aus einem Versuch, eine weitere unabhängige Wiederholung erbrachte ähnliche Ergebnisse.

In der anschließenden Transkriptanalyse von *AtNSP1-AtNSP5* wurden unterschiedliche Expressionsmuster für die einzelnen Transkripte gefunden [Abb. 21]. *AtNSP1* wurde in allen untersuchten Organen exprimiert. Im Gegensatz dazu fanden sich größere Mengen von *AtNSP2* und *AtNSP3* in Schoten. *AtNSP4* wurde hauptsächlich in Wurzeln und in geringeren Mengen auch in Keimlingen exprimiert [Abb. 21]. Die Expression von *AtNSP4* in Schoten sowie die bei der Analyse von Schoten auftretenden Doppelbanden (dabei jeweils die obere Bande bei der Expression von *Aktin* und *AtNSP2*) konnten mittels Sequenzierung auf noch vorhandene Restmengen an genomischer DNA zurückgeführt werden. *AtNSP5* wurde ähnlich wie *AtNSP1* in allen untersuchten Geweben exprimiert, jedoch nur sehr schwach in Keimlingen und Wurzeln. Ein Vergleich der Expressionsniveaus verschiedener *AtNSP*s in einem Organ ist mit der verwendeten RT-PCR-Methode nicht möglich, Anhaltspunkte ergeben sich jedoch aus den auf die Gele aufgetragenen Volumina der entsprechenden PCR-Ansätze [Tab. 7]. Hierbei mussten von den Ansätzen für *AtNSP3* und *AtNSP4* mit 15 µl wesentlich größere Volumina als von anderen Ansätzen (0,5-2 µl) eingesetzt werden um eine ähnliche Intensität auf dem Gel zu erreichen, obwohl die Primer beim Einsatz zur PCR am isolierten Plasmid zur Bildung vergleichbarer Produktmengen führten [Abb. 19].

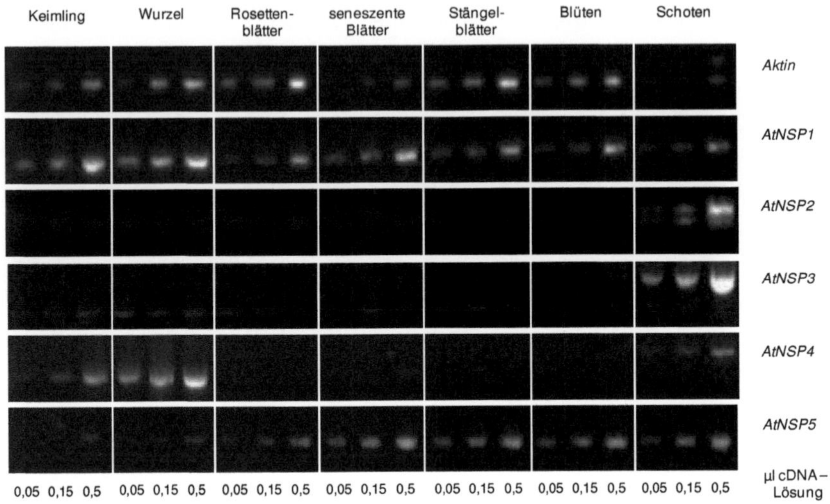

Abb. 21: Expressionsanalyse von *AtNSP1-AtNSP5* in unterschiedlichen Pflanzenorganen

Aus verschiedenen Organen von *A. thaliana* Col-0 wurde 1 µg isolierte Gesamt-RNA in RT-Reaktionen eingesetzt. Mit jeweils 0,05, 0,15 und 0,5 µl der erhaltenen cDNA-Lösung wurden mittels PCR die Transkriptionsniveaus von *AtNSP1-AtNSP5* untersucht. Die PCR-Produkte wurden gel-elektrophoretisch aufgetrennt. Gezeigt sind Ethidiumbromid-gefärbte Agarosegele aus einem Versuch, eine weitere unabhängige Wiederholung erbrachte ähnliche Ergebnisse.

4. Diskussion

4.1 Der Effekt von Glucosinolaten mit unterschiedlicher Seitenkette auf das Wachstum von Spezialisten und Generalisten

Glucosinolate werden von dem Spezialisten *Pieris rapae* als Signalstoff zur Erkennung der Futterpflanze und Wirtspflanze für die Eiablage genutzt (Verschaffelt, 1910) (Renwick et al., 1992). In Fraßexperimenten bevorzugten Larven von *P. rapae* Blattscheiben der Kuhbohne *Vigna sinensis* (L.) Walp. (Fabaceae), die mit einer Lösung von Phenylethylglucosinolat oder 2-Propenylglucosinolat behandelt worden waren, gegenüber unbehandelten Blattscheiben (Renwick und Lopez, 1999; Miles et al., 2005). In nachfolgenden elektrophysiologischen Versuchen wurde die Sensitivität von Geschmackssensillen gegenüber Phenylethylglucosinolat bestätigt und dieses Glucosinolat somit als wichtiges Fraßstimulanz für *P. rapae* identifiziert (Miles et al., 2005). Beim Fressen auf glucosinolathaltigen Pflanzen kommen die Herbivoren auch mit den bei der Hydrolyse entstehenden Abbauprodukten in Kontakt. Toxische Isothiocyanate wie Allylisothiocyanat führten auch bei *P. rapae* in Versuchen mit künstlicher Nahrung zu einer signifikant erhöhten Mortalität und reduzierten Wachstumsrate (Agrawal und Kurashige, 2003). Als Spezialist besitzt dieser Herbivor jedoch einen Mechanismus, um die „Senfölbombe" zu entschärfen, indem die Bildung von Isothiocyanaten verhindert wird. Ein NSP, welches im Darm der Larven von *P. rapae* die Glucosinolathydrolyse beeinflusst (PrNSP), bewirkt ähnlich wie pflanzliche NSPs die Entstehung von Nitrilen auf Kosten der Isothiocyanatbildung. Die entstandenen weniger toxischen Nitrile werden anschließend mit dem Kot ausgeschieden (Wittstock et al., 2004).

Für *P. rapae* können zusätzlich zu den Glucosinolaten auch die entstehenden Hydrolyseprodukte eine Rolle bei der Futterakzeptanz spielen. In Fraßversuchen mit *A. thaliana tgg1 tgg2*-Doppelknockoutmutanten, welche keine Myrosinase mehr besitzen, wurde die Entwicklung von verschiedenen Herbivoren im Vergleich zu Col-0 untersucht. Während spezialisierte Herbivoren wie der Tabakschwärmer, *Manduca sexta* (Lepidoptera: Sphinginae), und *Trichoplusia ni* auf der *tgg1 ttg2*-Linie schneller wuchsen, verlief das Wachstum *P. rapae* im Vergleich zum Wildtyp Col-0 langsamer. In Wahltests wurde Col-0 gegenüber der *tgg1 tgg2*-Linie von *P. rapae* bevorzugt, was auf eine Rolle der Hydrolyseprodukte als Fraßstimulanz hinweist (Barth und Jander, 2006).

In den hier durchgeführten Versuchen wurde ein Modellsystem aus dem Spezialisten *P. rapae*, dem Generalisten *Spodoptera exigua* und verschiedenen *A. thaliana*-Genotypen mit unterschiedlichem Glucosinolatprofil verwendet, um zu untersuchen, ob Glucosinolate mit unterschiedlichen Seitenketten das Wachstum der Lepidopterenlarven beeinflussen. In den Fraßexperimenten [2.4.1.1] wurden alle untersuchten Pflanzenlinien von *P. rapae* akzeptiert. Selbst die im Genotyp *cyp79B2 cyp79B3 myb28 myp29* enthaltenen geringen Mengen an Glucosinolat waren als Fraßstimulanz ausreichend [Abb. 11]. Die Grundstruktur der Seitenkette der Glucosinolate (aliphatisch oder indolisch) hatte jedoch keinen Einfluss auf das weitere Wachstum der Larven. Innerhalb von zehn Tagen wurde von den Larven auf den Pflanzen mit unterschiedlichen Glucosinolatprofilen ein ähnliches Gewicht erreicht [Abb. 11].

Betrachtet man die gesamte Dauer der Larvalentwicklung, führte die Abwesenheit von Glucosinolaten mit aliphatischer Seitenkette zu einer um einen Tag verlängerten Larvalphase [Abb. 12]. Bei der Hydrolyse der aliphatischen Glucosinolate, welche den Hauptteil der in *A. thaliana* Col-0 enthaltenen Glucosinolate ausmachen, könnten im Darm der Larven durch PrNSP-vermittelte Nitrilbildung Nährstoffe wie Schwefel oder Stickstoff freigesetzt werden, welche für die Verpuppung der Larven von Bedeutung sein könnten. Im *myb28 myb29*-Genotyp ist mit den noch enthaltenen Indolglucosinolaten nur etwa 20 % der in Col-0 gemessenen Glucosinolatmenge vorhanden. Ein dadurch reduzierter Nährstoffgehalt in den Blättern könnte zu einer verlängerten Larvalphase des Herbivoren führen, in der die Aufnahme der für die Verpuppung notwendigen Verbindungen abgeschlossen wird. Diese Verzögerung kann für den Herbivoren in der Natur ein erhöhtes Mortalitätsrisiko bedeuten, da die Larven, auf ihre Wirtspflanze angewiesen und wenig mobil, so eine längere Zeit ihren Fraßfeinden ausgesetzt sind. Zur Untersuchung dieser Hypothese müßte die Entwicklung von *P. rapae* bis zur Verpuppung im Detail untersucht und die bei Abwesenheit der fraßstimulierenden aliphatischen Glucosinolate tatsächlich gefressene und ausgeschiedene Blattmenge sowie der Nährstoffgehalt der Nahrung bestimmt werden.

Zur Untersuchung des Wachstums auf 35S::CYP79A2-Pflanzen, welche zusätzlich zu den Glucosinolaten des Wildtyps Col-0 Benzylglucosinolat enthielten, wurden mit *P. rapae* insgesamt neun Einzelexperimente durchgeführt [2.4.2.1]. Es wurden dabei unterschiedliche Ergebnisse erhalten [Tab. 10]. In fünf von neun Einzelexperimenten wurden keine signifikanten Unterschiede bezüglich des erreichten Larvengewichtes festgestellt, in je zwei Experimenten erreichten die Larven auf der Vektorkontrolllinie und auf 35S::CYP79A2 ein höheres Gewicht

[Tab. 10] . Diese Variation der Ergebnisse kann nur schwer erklärt werden. Die Analyse der Glucosinolatprofile [Tab. 9], der aus 4-Methylsulfinylbutylglucosinolat und Benzylglucosinolat gebildeten Hydrolyseprodukte sowie eine Messung der Trichomzahl [3.2.1] lieferte keine eindeutige Erklärung für die schwankenden Ergebnisse. Auch eine saisonale Abhängigkeit der Ergebnisse konnte nicht beobachtet werden. Insgesamt hat der 35S::CYP79A2-Genotyp jedoch nur einen geringen Einfluss auf das Wachstum von *P. rapae*.

Die Untersuchung der Entwicklung von *P. rapae* auf 35S::CYP79A2 war von besonderem Interesse, da sich in vorläufigen Untersuchungen gezeigt hat, dass bei der Entgiftung von Benzylglucosinolat in *P. rapae* äquimolare Mengen Blausäure freigesetzt werden [Abb. 22] (Stauber et al., 2012). Die Fraßversuche mit 35S::CYP79A2 zeigen, dass *P. rapae* dadurch offenbar nicht wesentlich im Wachstum beeinträchtigt wird. Es ist daher davon auszugehen, dass die Larven über einen effektiven Entgiftungsmechanismus für Blausäure verfügen. Weitere Untersuchungen könnten freigesetzte Blausäure detektieren und Zwischenstufen des möglichen Abbauweges durch die Verwendung von radioisotopenmarkierten Verbindungen bestätigen.

In ähnlichen Versuchen mit *A. thaliana*-Genotypen mit unterschiedlichen Gehalten an aliphatischen und indolischen Glucosinolaten wurden *Plutella xylostella* als ein weiterer auf Brassicaceae spezialisierter Herbivor und generalistische Herbivoren untersucht [Abb. 23] (Müller et al., 2010). *P. xylostella* zeigte sich in den Entwicklungsversuchen ähnlich wie *P. rapae* unbeeinflusst von den beiden Glucosinolatklassen. Bezüglich der Zeit bis zur Verpuppung und des Puppenendgewichtes konnten mit den verschiedenen Pflanzenlinien als Nahrung keine signifikanten Unterschiede festgestellt werden. *P. xylostella* entgiftet aufgenommene Glucosinolate durch eine Sulfatase, welche im Darm produziert wird. Die so entstehenden Desulfoglucosinolate werden von der pflanzlichen Myrosinase nicht als Substrat akzeptiert, so dass keine toxischen Hydrolyseprodukte mehr entstehen können (Ratzka et al., 2002). Zusammenfassend konnte in den durchgeführten Versuchen gezeigt werden, daß die Entwicklung der untersuchten Spezialisten von der Art der Seitenkette der Glucosinolate nicht beeinflusst wird.

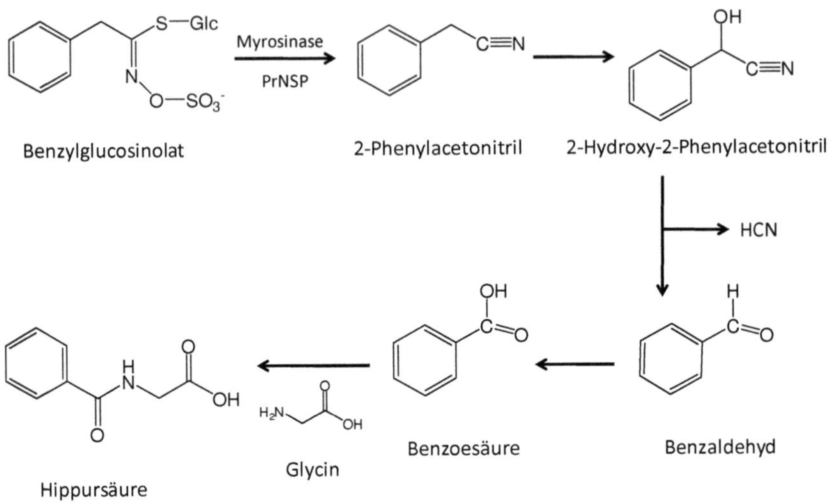

Abb. 22: Möglicher Abbauweg von Benzylglucosinolat in *P. rapae*

Benzylglucosinolat wird nach Kontakt mit pflanzlicher Myrosinase von PrNSP im Darm von *P. rapae* als Substrat akzeptiert (Wittstock et al., 2004). Das durch PrNSP entstehende Phenylacetonitril könnte zum 2-Hydroxy-2-Phenylacetonitril hydroxyliert und anschließend zum Benzaldehyd umgewandelt werden, wobei als Nebenprodukt Blausäure entstehen würde. Nach Oxidation des Benzaldehyds zur Benzoesäure könnte diese in *P. rapae* mit Glycin zur Hippursäure konjugiert werden (Stauber et al., 2012).

Im Gegensatz zu den Spezialisten hatte die Art der Glucosinolatseitenkette einen deutlichen Effekt auf die Entwicklung von Generalisten. *M. sexta* und *T. ni*, welche nicht auf Brassicaceae spezialisiert sind, wurden in ihrem Wachstum nicht von der Abwesenheit von Indolglucosinolaten beeinflusst. Fehlen in der Futterpflanze jedoch die Glucosinolate mit aliphatischer Seitenkette, führte dies im Vergleich zu Pflanzen mit aliphatischen Glucosinolaten zu einem signifikant schnelleren Wachstum. Daraus lässt sich schließen, dass aliphatische Glucosinolate eine Abwehrfunktion gegenüber *T. ni* und *M. sexta* haben.

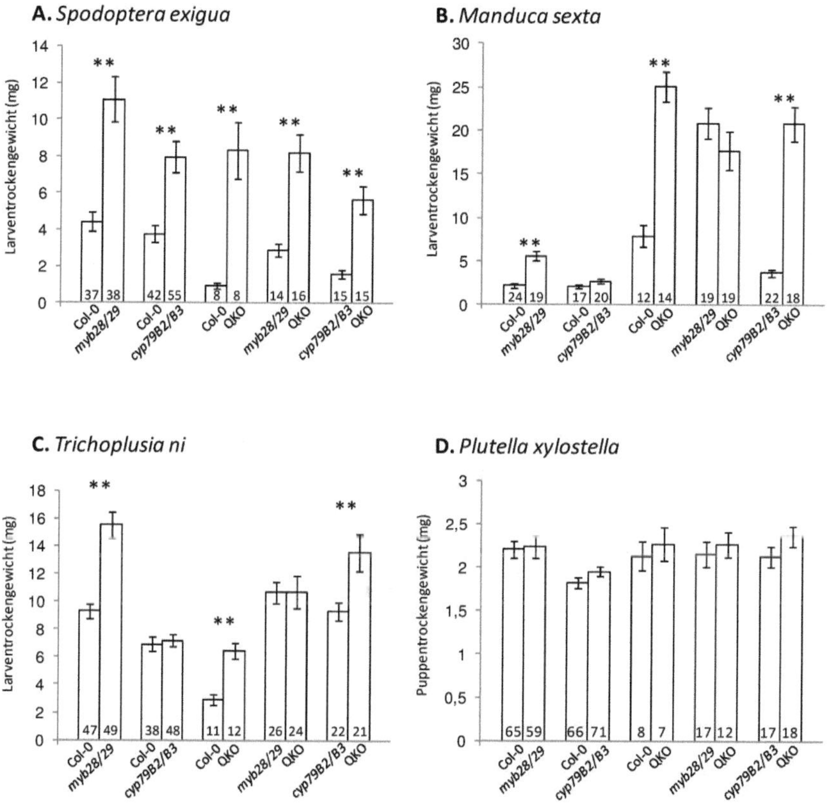

Abb. 23: Entwicklung verschiedener Lepidopterenlarven auf auf verschiedenen *A. thaliana*-Genotypen mit unterschiedlichen Gehalten an aliphatischen und indolischen Glucosinolaten

Larven von *S. exigua*, *M. sexta*, *T. ni* und *P. xylostella* wurden individuell auf den verschiedenen *A. thaliana*-Genotypen kultiviert und nach zehn (A), acht (B) oder neun Tagen (C) bzw. nach der Verpuppung (D) entfernt und das Larven- bzw. Puppentrockengewicht bestimmt. Dargestellt ist das mittlere Gewicht in mg +/- Standardfehler, die Zahl in den Balken bezeichnet die jeweilige Stichprobenzahl, Sterne markieren die Signifikanz (Mann-Whitney U-Test) im Vergleich von zwei pflanzlichen Genotypen (**: $p < 0{,}001$). Weitere unabhängige Wiederholungen erbrachten ähnliche Ergebnisse. *myb28/29*: Doppelknockout-Linie (ohne aliphatische Glucosinolate), *cyp79B2/B3*: Doppelknockout-Linie (ohne Indolglucosinolate), QKO: Vierfachknockout-Linie (ohne aliphatische und indolische Glucosinolate) (Abbildung modifiziert aus Müller et al 2010).

Sowohl die Abwesenheit von Glucosinolaten mit aliphatischer Seitenkette als auch die Abwesenheit von Glucosinolaten mit indolischer Seitenkette führte in Versuchen mit *S. exigua* verglichen mit dem Wachstum auf Col-0 mindestens zu einer Verdopplung des Larventrockengewichts nach zehn Tagen [Abb. 23A]. Im Vergleich zu der Linie *cyp79B2 cyp79B3 myb28 myb29,* die fast frei von aliphatischen und indolischen Glucosinolaten ist, wurde *S. exigua* auf dem Wildtyp Col-0 mit beiden Glucosinolatklassen stärker im Wachstum behindert als auf Pflanzenlinien, welche noch indolische oder aliphatische Glucosinolate enthielten. Bei der Entwicklung der Larven könnte ein allgemeiner Effekt der Glucosinolatmenge unabhängig von der Struktur vorliegen, wobei zunehmende Konzentrationen schädlich für das Wachstum von Generalisten sind (Li et al., 2000). In früheren Studien konnte bereits nachgewiesen werden, dass die verwandte Art *Spodoptera littoralis* auf dem *cyp79B2 cyp79B3*-Genotypen nach acht Tagen Fraß im Vergleich zu Col-0 ein signifikant höheres Gewicht erreichen konnte, während die Entwicklung von *Pieris brassicae* (Lepidoptera: Pieridae) unbeeinflusst blieb (Schläppi et al., 2008).

Auch in Experimenten mit der Benzylglucosinolat-exprimierenden Linie 35S::CYP79A2 wurde die Entwicklung von *S. exigua* im Gegensatz zu der des Spezialisten *P. rapae* deutlich negativ beeinflusst. In allen durchgeführten Einzelexperimenten erreichten die Larven auf der Kontrolllinie ohne Benzylglucosinolat ein signifikant höheres Gewicht als auf 35S::CYP79A2 [Tab. 10]. Dieser Effekt kann einerseits durch die höhere Gesamtmenge an Glucosinolaten in der 35S::CYP79A2-Linie erklärt werden, andererseits könnte der besondere Metabolisierungsweg des Benzylglucosinolats eine Rolle spielen. In neuesten Studien zur Entgiftung von Benzylglucosinolat durch *S. exigua* wurde in Fraßexperimenten mit radioaktiv markiertem Benzylglucosinolat nachgewiesen, dass Benzylglucosinolat den Darm von *S. exigua* zum Teil intakt passiert, was auf eine Myrosinasehemmung seitens des Herbivoren hindeutet (Winde, 2011). Dies ist für ein kauendes Insekt ungewöhnlich und wurde bisher nur für Blattläuse nachgewiesen (Kim und Jander, 2007). Als Abbauprodukte des Benzylglucosinolats wurden im Kot der Raupen außerdem hauptsächlich Hippursäure sowie Phenylacetylglycin und *N*-Benzylmalonaminsäure identifiziert (Winde, 2011). Ein möglicher Abbauweg [Abb. 22] setzt die Umwandlung von Benzylglucosinolat zum Phenylacetonitril voraus. Im Gegensatz zu *P. rapae* besitzt *S. exigua* kein NSP. Phenylacetonitril kann jedoch auch von der Wirtspflanze selbst gebildet werden. Das in *A. thaliana* vorhandene AtNSP1 akzeptiert das Aglucon des Benzylglucosinolats als Substrat und kann die Bildung von Phenylacetonitril ermöglichen (Burow et al., 2009). Bei der Untersuchung der Hydrolyseprodukte in Homogenaten von Rosettenblättern der Versuchspflanzen wurde Phenylacetonitril mit etwa 33 % Anteil an den Gesamthydrolyseprodukten des

Benzylglucosinolats gebildet, vermutlich durch die Aktivität von AtNSP1 oder eines anderen pflanzlichen NSPs. Das aufgenommene Phenylacetonitril könnte durch den in Abb. 22 dargestellten Abbauweg metabolisiert werden, wobei Blausäure als Nebenprodukt gebildet würde. Dies könnte zur Toxizität beitragen, sofern *S. exigua* keinen effektiven Mechanismus zur Entgiftung von Blausäure besitzt. Zur Verifizierung dieses Abbauweges in *S. exigua* sind jedoch weitere Untersuchungen notwendig.

In Blatthomogenaten der untersuchten 35S::CYP79A2- und Kontrollpflanzen wurde in unseren Versuchen außerdem das Nitril des 4-Methylsulfinylbutylglucosinolats mit einem Anteil von 66 % an der Gesamtmenge der Hydrolyseprodukte dieses Glucosinolats nachgewiesen. Dieser überraschend hohe Anteil ist wahrscheinlich durch die Anwesenheit unbemerkter Schädlinge oder Pathogene bedingt. Damit bildeten die Pflanzen weniger giftige Isothiocyanate, was zu einer Unterschätzung der negativen Effekte auf *S. exigua* führen kann.

Insgesamt lässt sich aus den hier vorgestellten Ergebnissen ableiten, dass Glucosinolate mit verschiedenen Seitenketten gegen unterschiedliche Herbivoren wirksam sein und zur pflanzlichen Verteidigung beitragen können. Der Steuerung der Glucosinolat-Biosynthese kommt dadurch besondere Bedeutung zu. Indolische und aliphatische Glucosinolate sind gegen den Generalisten *S. exigua* wirksam, andere generalistische Herbivoren (*T. ni* und *M. sexta*) werden nur von Glucosinolaten mit aliphatischer Seitenkette negativ beeinflusst. Die Produktion von zusätzlichem Benzylglucosinolat führte zu einer erhöhten Resistenz der Pflanzen gegen *S. exigua* (der Einfluss auf *T. ni* und *M. sexta* wurde nicht untersucht).

In anderen Studien wurden wichtige Abwehrfunktionen von Indolglucosinolaten gegen die generalistische Blattlaus *Mycus persicae* nachgewiesen. Aliphatische Glucosinolate passieren den Darm von *M. persicae* intakt, wogegen Indolglucosinolate abgebaut werden. In Versuchen mit künstlicher Nahrung hatte insbesondere 4-Methoxyindol-3-ylmethylglucosinolat eine abschreckende Wirkung auf *M. persicae* (Kim und Jander, 2007; Kim et al., 2008; De Vos und Jander, 2009).

Gegen spezialisierte Herbivoren wie *P. rapae* und *P. xylostella* ist die Produktion verschiedener Glucosinolatklassen als direkte Abwehr aufgrund der in diesen Insekten vorhandenen Entgiftungsmechanismen kaum wirksam. Auch andere Spezialisten können das Glucosinolat-Myrosinase-System umgehen und die Glucosinolate sogar zum eigenen Vorteil nutzen. Die Larven der Kohlrüben-Blattwespe, *Athalia rosae* (Hymenoptera: Tenthredinidae), nehmen Glucosinolate der Wirtspflanze in die Haemolymphe auf und speichern sie (Opitz et al. 2011). Bei einem Angriff von Prädatoren wird glucosinolathaltige Hämolymphe tröpfchenförmig über das Integument freigesetzt („easy bleeding"), welche abschreckend auf mögliche Fraßfeinde wirkt (Müller et al., 2001). Jedoch ist noch nicht geklärt, ob für diesen Effekt allein die Glucosinolate verantwortlich sind. Spezialisierte Blättläuse wie die Mehlige Kohlblattlaus, *Brevicoryne brassicae* (Hemiptera: Aphididae), können ebenfalls Glucosinolate sequestrieren. Diese werden dann zusammen mit einer eigenen Myrosinase zur Selbstverteidigung eingesetzt, wobei toxische Isothiocyanate gebildet werden (Bridges et al., 2002).

4.2 Der Effekt von Glucosinolaten mit unterschiedlicher Seitenkette auf die Futterwahl von Spezialisten und Generalisten

Da Glucosinolate bei spezialisierten Herbivoren als Fraßstimulanz von Bedeutung sind (Miles et al., 2005) [4.1], könnten Glucosinolate mit verschiedenen Seitenketten unterschiedlich attraktiv sein und so die Futterwahl entscheidend beeinflussen. Um dies zu untersuchen, konnten sich Larven von *P. rapae* in Wahltests bei der Futterwahl zwischen zwei der zu testenden *A. thaliana*-Genotypen mit unterschiedlichen Gehalten an aliphatischen und indolischen Glucosinolaten frei entscheiden. Beide Glucosinolat-Typen wirkten in den durchgeführten Experimenten additiv [Abb. 13]. Der unveränderte Wildtyp Col-0 wurde gegenüber Pflanzenlinien ohne Glucosinolate mit aliphatischer und/oder indolischer Seitenkette stets bevorzugt und erlitt somit auch mehr Blattschaden. Im Gegensatz dazu wurde die *cyp79B2 cyp79B3 myb28 myb29*-Linie mit nur sehr geringem Glucosinolatgehalt gegenüber den anderen Genotypen klar gemieden und kaum beschädigt [Abb. 13].

Im Vergleich zur Kontrolllinie ohne Benzylglucosinolat konnte für die Benzylglucosinolathaltige Linie 35S::CYP79A2 kein fraßstimulierender Effekt für *P. rapae* nachgewiesen werden. Von insgesamt acht durchgeführten Einzelexperimenten mit 35S::CYP79A2 und der Kontrolllinie erwiesen sich fünf als nicht signifikant unterschiedlich bezüglich der konsumierten Blattfläche, während in drei Versuchen mehr Blattmaterial von der Kontrolllinie konsumiert wurde [Tab. 11]. Damit hat die 35S::CYP79A2-Linie im Vergleich zur Vektorkontrolle keinen entscheidenden Einfluss auf das Futterwahlverhalten von *P. rapae*.

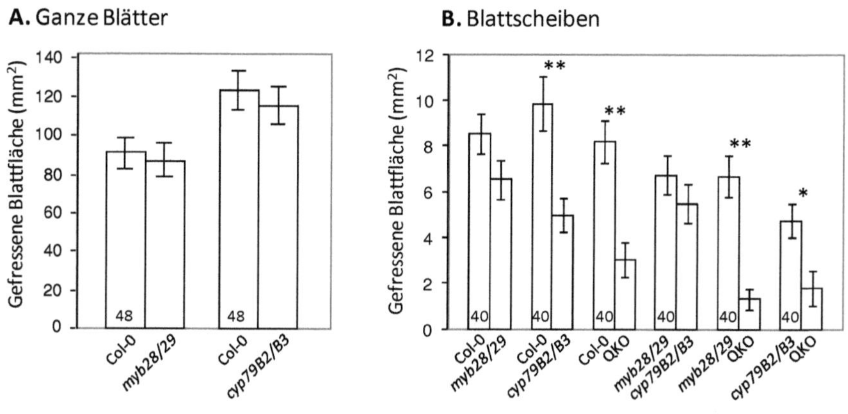

Abb. 24: Wahlverhalten von *P. xylostella* auf (A) ganzen Blättern und (B) Blattscheiben der verschiedenen *A. thaliana*-Genotypen mit unterschiedlichen Gehalten an aliphatischen und indolischen Glucosinolaten

Larven von *P. xylostella* wurden im Alter von drei Tagen auf (A) Töpfe mit Paaren vom *A. thaliana* Col-0 Ökotyp und des zu testenden Genotyps gebracht und nach drei Tagen entfernt oder (B) in für 24 h in Petrischalen mit Paaren von Blattscheiben (0,6 mm² Durchmesser) der zu testenden pflanzlichen Genotypen gesetzt. In beiden Versuchen wurde die gefressene Blattfläche bestimmt. Dargestellt ist die mittlere gefressene Blattfläche in mm² +/- Standardfehler, die Zahl in den Balken bezeichnet die jeweilige Stichprobenzahl. Sterne markieren die Signifikanz (Mann-Whitney U-Test für A, Wilcoxon Rangtest für B) im Vergleich von zwei pflanzlichen Genotypen (*: p< 0,05, **: p < 0,001) *myb28/29*: Doppelknockout-Linie (ohne aliphatische Glucosinolate), *cyp79B2/B3*: Doppelknockout-Linie (ohne Indolglucosinolate), QKO: Vierfachknockout-Linie (ohne aliphatische und indolische Glucosinolate) (Abbildung modifiziert aus Müller et al. 2010).

In Wahltests mit Blattscheiben, die von *P. xylostella* befressen wurden, zeigte sich, dass auch bei diesem Spezialisten Glucosinolate mit aliphatischer und indolischer Seitenkette additiv fraßstimulierend wirken [Abb. 24B] (Müller et al., 2010). Dies bestätigt weitere Versuche, in denen bereits in Wahltests mit Blattscheiben der Erbse *Pisum sativum* L. (Fabaceae), welche mit einer Sinigrinlösung behandelt waren, eine dosisabhängige fraßstimulierende Wirkung von Sinigrin nachgewiesen werden konnte (van Loon et al., 2002). In Experimenten mit ganzen abgetrennten Blättern zeigte sich jedoch keine Präferenz von *P. xylostella* für Pflanzen ohne aliphatische oder indolische Glucosinolate gegenüber Col-0 [Abb. 24A]. Möglicherweise haben die aus den Schnittkanten der Blattscheiben austretenden Hydrolyseprodukte eine fraßstimulierende Wirkung auf *P. xylostella*. Die 35S::CYP79A2-

Pflanzen wurden in einer anderen Studie im Vergleich zum Wildtyp Col-0 in Futterwahlversuchen von *P. xylostella* weniger stark beschädigt (Sarosh et al., 2010).

S. exigua konsumierte bei der Wahl zwischen der Benzylglucosinolat enthaltenden Linie 35S::CYP79A2 und der Kontrolllinie mehr Blattmaterial von der Kontrolllinie, in drei von vier Einzelexperimenten war der Effekt signifikant [Tab. 11]. Somit wird *S. exigua* in seiner Futterwahl deutlich vom zusätzlich vorhandenen Benzylglucosinolat beeinflusst. Zusammenfassend konnte in den durchgeführten Wahlexperimenten gezeigt werden, dass die Anwesenheit von Glucosinolaten mit aliphatischer und indolischer Seitenkette die Attraktivität der Pflanze für Spezialisten erhöhen kann, zusätzlich produzierte Glucosinolatklassen können jedoch den Schutz durch erhöhte Abschreckung von Generalisten verstärken.

4.3 Der Effekt von Glucosinolaten mit unterschiedlicher Seitenkette auf das Wahlverhalten von *Pieris rapae* bei der Eiablage

Die Wahl der richtigen Pflanze durch die eiablegenden Weibchen von Spezialisten ist für den Nachwuchs überlebenswichtig, da die Larven im Gegensatz zum Falter kaum mobil sind. Optische Reize allein sind zur Identifizierung der Wirtspflanze über größere Distanzen nicht ausreichend, daher könnten die charakteristischen Glucosinolate und deren Abbauprodukte eine Rolle spielen. Experimentelle Daten aus der Literatur haben dies bereits bestätigt. So zeigten Wahlexperimente mit Pflanzen der Gartenbohne, *Phaseolus vulgaris* L. (Fabaceae), welche mit Lösungen verschiedener Glucosinolate behandelt wurden, daß indolische und aromatische Glucosinolate gegenüber aliphatischen Glucosinolaten die Eiablage von *P. rapae* stärker stimulieren (Huang und Renwick, 1994). Adulte Weibchen von *P. rapae*, die mit ihren Beinen die Oberfläche von Pflanzen vor der Eiablage auf anziehende und abschreckende Signale untersuchen, besitzen tarsale Chemorezeptoren, welche auf Glucosinolate ansprechen. Dabei werden im Elektroantennogramm durch Glucosinolate mit indolischer und aromatischer Seitenkette stärkere Reaktionen ausgelöst als durch aliphatische Glucosinolate (Städler et al., 1995). Aus Blattextrakten von *Brassica oleracea* wurde bereits Indol-3-ylmethylglucosinolat isoliert und als wichtiges Stimulanz für die Eiablage durch *P. rapae* identifiziert (Renwick et al., 1992; van Loon et al., 2002). Die nicht flüchtigen intakten Glucosinolate könnten zur Identifizierung der Wirtspflanze nach der Landung und bei direktem Kontakt mit der Blattfläche dienen. In der mittels Gummi arabicum abgelösten Wachsschicht von Blättern verschiedener *Barbarea*-Arten sind Glucosinolate nachgewiesen worden, jedoch nicht in der Wachsschicht von *Brassica napus* L. (Brassicaceae) oder *Nasturtium officinale* R.Br. (Brassicaceae) (Reifenrath et al., 2005; Badenes-Perez et al. 2011). Unklar ist, wie die polaren Glucosinolate in die unpolare Wachsschicht gelangen. Die Cuticula vom Gemeinen Efeu, *Hedera helix* L. (Araliaceae), wurde zwar inzwischen auf ihre Permeabilität für hydrophile Verbindungen untersucht (Popp et al., 2005), Glucosinolate wie 4-Hydroxybenzylglucosinolat durchdringen diese jedoch nicht (Müller und Riederer, 2005). Wie spezialisierte Insekten an die zu detektierenden Glucosinolate oder deren Abbauprodukte gelangen, ist weiterhin Gegenstand von Forschungen. Denkbar wäre ein Ausströmen durch die Stomata oder ein Beschädigen der Blattoberfläche durch die Krallen der Tiere. Diese könnten die Wachsschicht durchdringen und neben Glucosinolaten auch die nach Kontakt mit epidermal vorkommender Myrosinase entstehenden Hydrolyseprodukte freisetzen.

Die Verfügbarkeit von *A. thaliana*-Genotypen mit manipuliertem Gehalt an aliphatischen und/oder indolischen Glucosinolaten bot die Möglichkeit, den Einfluss von Glucosinolaten mit unterschiedlicher Seitenkette auf das Eiablageverhalten von *P. rapae in vivo* zu untersuchen. Bei den Experimenten hatten zur Eiablage bereite Falter von *P. rapae* die Wahl zwischen einzelnen Pflanzen von jeweils zwei zu testenden Linien. Während die alleinige Abwesenheit von aliphatischen oder indolischen Glucosinolaten keinen Einfluss auf das Wahlverhalten von *P. rapae* hatte, bewirkte die Abwesenheit beider Glucosinolatklassen eine signifikant geringere Attraktivität der Pflanzen verglichen mit allen anderen Genotypen [Abb. 14]. In einer ähnlichen Studie mit *P. rapae* und dem *cyp79B2 cyp79B3*-Genotypen wurden jedoch signifikante Effekte von Indolglucosinolaten auf das Wahlverhalten bei der Eiablage gemessen (De Vos et al., 2008). Die Falter legten hier mehr Eier auf dem Wildtyp Col-0 mit vollständigem Glucosinolatprofil als auf dem *cyp79B2 cyp79B3*-Genotypen ab. Als Hauptstimulanz für die Eiablage wurde Indol-3-carbinol, ein Abbauprodukt des Indol-3-ylmethylglucosinolats, identifiziert. Das korrespondierende Nitril, Indol-3-acetonitril, erwies sich hingegen als abschreckend bei der Eiablage (De Vos et al., 2008). Als Futterpflanze wurde den Larven bis zur Verpuppung Weisskohl angeboten (*Brassica. oleracea var. capitata* „Wisconsin Golden Acre“) während in den in dieser Arbeit durchgeführten Experimente Rosenkohl (*Brassica oleracea var. gemmifera* DC „Rosella“) verwendet wurde. Dies könnte die Differenzen bezüglich der beobachteten Ergebnisse erklären, da die Zusammensetzung der im Larvenstadium aufgenommenen Nahrung auch Einfluss auf die spätere Eiablage der Falter haben kann (Akhtar und Isman, 2003; Shikano und Isman, 2009). Zur genauen Klärung müßten jedoch zunächst die verschiedenen Futterpflanzen unter gleichen Bedingungen kultiviert, das Glucosinolatprofil sowie die Hydrolyseprodukte untersucht sowie identische Stämme von *P. rapae* verwendet werden.

In Studien mit dem Spezialisten *P. xylostella* konnte gezeigt werden, dass Indolglucosinolate für die Eiablagewahl bedeutsam sind. In Wahlexperimenten mit ganzen Pflanzen wurden im Vergleich zu Col-0 auf dem *cyp79B2 cyp79B3*-Genotypen weniger Eier abgelegt. Aliphatische Glucosinolate wirkten in diesen Versuchen nur attraktiv, wenn keine Indolglucosinolate in den Auswahlpflanzen mehr vorhanden waren (Sun et al., 2009). Ein solches Verhaltensmuster wäre unter der Voraussetzung, dass Indolglucosinolate für die Eiablage von *P. rapae* bedeutsam sind (De Vos et al., 2008), auch für diesen Spezialisten denkbar.

Intakte Pflanzen produzieren zwar nur geringe Mengen an flüchtigen Hydrolyseprodukten (Rohloff und Bones, 2005), allerdings wird sich in der Natur nur selten eine gänzlich unbeschädigte Pflanze finden. Pflanzen mit Gewebeverletzung geben mehr Hydrolyseprodukte an die Umgebung ab und könnten die Eiablage auf größere Entfernungen beeinflussen. In Experimenten mit nitrilbildenden AtESP-überexprimierenden Arabidopsispflanzen 35S::ESP und Col-0 unterschieden Falter von *P. rapae* bei der Eiablage nicht zwischen den beiden Linien, solange die Pflanzen intakt waren. Nach künstlicher Beschädigung wurden mehr Eier auf Col-0 als auf der nitrilbildenden Pflanzenlinie abgelegt (Mumm et al., 2008). Die auch bei Fraß entstehenden Nitrile, die von den Larven selbst ausgeschieden werden, könnten hier von den Faltern als Indikator für die Populationsdichte der auf der Pflanze lebenden *P. rapae* interpretiert werden. Um intraspezifische Konkurrenz zu vermeiden, könnten von den Faltern bevorzugt Pflanzen mit geringer Nitrilbildung und somit auch kleinerer Herbivorenkolonie zur Eiablage ausgewählt werden.

Bei Versuchen mit der Benzylglucosinolat-haltigen 35S::CYP79A2-Linie wurden in allen Einzelexperimenten mehr Eier auf der Vektorkontrolllinie abgelegt als auf der 35S::CYP79A2-Linie. In drei von insgesamt vier Versuchen erwiesen sich diese Unterschiede als signifikant [Tab. 12]. Im 35S::CYP79A2-Genotyp wurden neben dem zusätzlich produzierten Benzylglucosinolat auch zum Teil signifikant verringerte Mengen an Indolglucosinolaten gefunden [Tab. 9] welche nach De Vos et al., 2008 als Signalstoffe für die Eiablage von *P. rapae* bedeutsam sind. Das zusätzlich produzierte Benzylglucosinolat könnte die Wirkung der Indolglucosinolate überdecken und die Pflanze so für *P. rapae* im Vergleich zum Wildtyp Col-0 weniger attraktiv erscheinen lassen. In Blatthomogenaten der eingesetzten 35S::CYP79A2- und Kontrollpflanzen wurden überraschend hohe Nitrilmengen detektiert (Über 60 % der Gesamthydrolyseprodukte). Das Nitril des Benzylglucosinolats, Phenylacetonitril, wirkt bei der verwandten Art *P. brassicae* als Antiaphrodisiacum. Männchen nutzen im Insekt synthetisiertes Phenylacetonitril, um bereits befruchtete Weibchen zu markieren und sie so weiteren nutzlosen Befruchtungsversuchen zu entziehen (Andersson et al., 2003). Der Eiparasitoid von *P. brassicae, Trichogramma evanescens* (Hymenoptera: Trichogrammatidae), identifiziert ablagebereite Weibchen durch dieses Antiaphrodisiacum und lässt sich sogar von ihnen zum Eiablageplatz tragen, wo die frisch gelegten Eier parasitiert werden (Fatouros et al., 2005). Männchen von *P. rapae* nutzen statt Phenylacetonitril Indol und Methylsalicylat als Antiaphrodisiacum (Andersson et al., 2003), so dass eine abschreckende Wirkung des Phenylacetonitril durch *P. rapae* so nicht zu erklären ist. Produziert jedoch die Pflanze Phenylacetonitril, könnten dadurch aber die generalistischen Parasitoiden *T. evanescens* an ihre Beute herangeführt werden. Eine Meidung von hohen Konzentrationen von Phenylacetonitril könnte für *P. rapae* daher ein geringeres Parasitierungsrisiko zur Folge haben und eine Erklärung für die bevorzugte Eiablage auf Col-0 gegenüber dem 35S::CYP79A2-Genotypen sein.

Insgesamt konnte in den Versuchen mit den Glucosinolatknockout-Linien im Gegensatz zu anderen Studien (De Vos et al., 2008) nur ein genereller stimulierender Einfluss von Glucosinolaten auf die Eiablage von *P. rapae* gefunden werden, der kaum von der Struktur der Glucosinolat-Seitenkette abhing. Die 35S::CYP79A2-Pflanzen erwiesen sich jedoch als weniger attraktiv als der Wildtyp Col-0 für die Eiablage von *P. rapae*. Die Produktion von Benzylglucosinolat scheint somit das Risiko der Pflanze, Eier von *P. rapae* zu erhalten, zu verringern. Zur genaueren Untersuchung der Effekte von Benzylglucosinolat auf die Eiablage von *P. rapae* sind jedoch weitere Versuche mit Reinsubstanzen (Glucosinolat, Isothiocyanat und Nitril) notwendig, um abschreckende bzw. anziehend wirkende Substanzen sicher zu identifizieren.

4.4 Die Rolle der Nitrilbildung in *Arabidopsis thaliana*

Von den verschiedenen, in der Hydrolysereaktion gebildeten Produkten sind die Isothiocyanate am besten untersucht. Ihre toxische Wirkung gegen viele verschiedene Organismen wurde nachgewiesen (Seo und Tang, 1982; Buskov et al., 2002; Agrawal und Kurashige, 2003; Noret et al., 2005). Über andere Hydrolyseprodukte ist jedoch nur wenig bekannt. Der *A. thaliana* Wildtyp Col-0 ist auch ohne funktionelles AtESP fähig, nach Herbivorenfraß Nitrile zu bilden. Als verantwortliche Enzyme für diese Nitrilbildung kommen fünf AtNSPs in Frage, die in Col-0 identifiziert werden konnten (Burow et al., 2009). Die Rolle der einzelnen AtNSPs ist unklar. Um zu untersuchen, ob AtNSPs durch Herbivorenbefall induzierbar sind, wurde eine *Atnsp1*-Knockout-Linie 24 h lang Fraß von *P. rapae* ausgesetzt und die Nitrilbildung in Blatthomogenaten dieser Linie mit den gleichbehandelten Pflanzen des Wildtyps Col-0 analysiert. Es zeigte sich eine Induktion der Nitrilbildung in Col-0, während in der *Atnsp1*-Knockout-Linie ausschließlich Isothiocyanate gebildet wurden (Losansky, 2008). Um den Effekt auf AtNSP1 genauer zu charakterisieren, wurde die Expression von *AtNSP1* mittels RT-PCR untersucht [2.6.1]. Im Wildtyp Col-0 fand in von *P. rapae* beschädigten Blättern eine starke Expression von *AtNSP1* statt [Abb. 17]. Unbeschädigte Blätter des Wildtyps Col-0 wiesen nur eine leicht erhöhte *AtNSP*-Expression auf, womit die Induktion von *AtNSP1* lokal begrenzt stattfindet. Die *Atnsp1*-Linie exprimierte kein *AtNSP1* [Abb. 17]. Es kann daher die Schlussfolgerung gezogen werden, dass AtNSP1 somit allein für die konstitutive und induzierte Nitrilbildung in Homogenaten von Rosettenblättern von Col-0 verantwortlich ist.

Aus Sicht der Pflanze erscheint die Bildung von im Vergleich zu Isothiocyanaten ungiftigeren Nitrilen als Reaktion auf Angriffe von Insekten zunächst wenig sinnvoll. Ausschließlich Isothiocyanate zu produzieren hat jedoch nicht nur Vorteile für die Pflanze, da diese charakteristischen Hydrolyseprodukte von spezialisierten Insekten aufgespürt werden können und ihnen das Auffinden ihrer bevorzugten Nahrungspflanze erleichtern (Mumm et al., 2008). Die Bildung weiterer Hydrolyseprodukte wie Nitrile, Epithionitrile oder Thiocyanate könnte helfen, die Ortung durch spezialisierte Herbivoren zu erschweren.

Weiterhin könnten spezifizierende Proteine Teil einer indirekten Verteidigungsstrategie gegen spezialisierte Herbivoren sein. Die zeitverzögerte Induktion der Nitrile könnte dabei der Unterscheidung von generalistischen und spezialisierten Herbivoren dienen. Sofort nach Beschädigung des Pflanzengewebes werden zunächst Isothiocyanate gebildet, welche sich negativ auf den Fraß von Generalisten auswirken. Wird die Pflanze durch angepasste Spezialisten über einen längeren Zeitraum beschädigt, werden durch *AtNSP*-Induktion vermehrt Nitrile gebildet (Müller, 2005). Diese sind leichter flüchtig als Isothiocyanate und könnten als Lockstoffe in tritrophischen Interaktionen dienen. In Wahlversuchen mit dem auf *P. rapae* spezialisierten Parasitoiden *Cotesia rubecula* wirkten von *P. rapae* beschädigte AtESP-überexprimierende Pflanzenlinien, welche hauptsächlich Nitrile als Hydrolyseprodukt bilden (35S::ESP), auf die Insekten attraktiver als beschädigte Pflanzen des Col-0 Ökotyps (Mumm et al., 2008).

Die gezielte Freisetzung von Nitrilen an der beschädigten Blattfläche könnte somit Fraßfeinde von *P. rapae* recht genau an ihre Beute heranführen. Beim Fressen entstehen im Darm von *P. rapae* durch den Entgiftungsmechanismus mittels Raupen-PrNSP zusätzliche Nitrile, welche ausgeschieden werden. Auch dieser Kot wirkt attraktiv auf *C. rubecula* (Agelopoulos et al., 1995) und könnte zu einer effizienten Nahortung beitragen. Als mögliche Gegenstrategie entfernt *P. rapae* frischen Kot von der Blattoberfläche (persönliche Beobachtung Einar Stauber), kann jedoch die in der Pflanze induzierte Nitrilbildung nicht verhindern. Durch häufiges Wechseln des Fraßplatzes könnte *P. rapae* die Ortung von Parasitoiden erschweren, wäre auf dem Weg aber zusätzlichen Gefahren ausgesetzt und könnte weniger Nahrung pro Zeiteinheit aufnehmen. Die Pflanze könnte so möglicherweise die völlige Zerstörung von Blättern vermeiden und den Blattschaden besser verteilen. Die lokal begrenzte Freisetzung von Nitrilen hat außerdem den Vorteil, dass die restliche Pflanze weiterhin durch Isothiocyanate gegen Generalisten gut verteidigt bleibt.

Zur Untersuchung dieser Hypothesen sind jedoch weitere Versuche zur Beobachtung des Fraßverhaltens der Larven notwendig. Als Versuchspflanzen stehen dabei transgene Pflanzenlinien des Wildtyps Col-0 zur Verfügung, welche sowohl durch Ausschalten von AtNSP1 keine Nitrile in den Rosettenblättern bilden, als auch Linien, die durch Überexpression von AtESP fast ausschließlich Nitrile produzieren (Burow et al., 2006b).

Nitrile können zusätzlich eine Abwehrfunktion bei der Eiablage übernehmen. Falter von *P. rapae* legten auf zuvor beschädigten nitrilbildenden *A. thaliana*-Linien signifikant weniger Eier ab als auf beschädigten Pflanzen des vorwiegend Isothiocyanat bildenden Wildtyps Col-0 (Mumm et al., 2008) [4.3]. Für die Pflanze ist es also von Vorteil, zusätzliche Nitrile zu produzieren um die Anzahl von *P. rapae* abgelegter Eier zu reduzieren. Somit können sowohl Nitrile als auch Isothiocyanate wichtige Beiträge zur direkten und indirekten Verteidigung der Pflanze leisten, was eine gezielte Regelung und Anpassung der Hydrolysereaktion nötig macht. Dies kann durch unterschiedliche Expression und Induktion spezifizierender Proteine erreicht werden.

Die alleinige Rolle des AtNSP1 bei der Induktion der Nitrilbildung in Rosettenblätten wirft Fragen nach der Funktion der anderen vier funktionellen NSPs auf. Diese könnten in anderen Pflanzenorganen oder Entwicklungsstadien für die Nitrilbildung verantwortlich sein oder redundante Funktionen übernehmen. Um dies zu untersuchen, wurden die Expressionsniveaus von *AtNSP1-AtNSP5* in Keimlingen, Wurzeln, Rosettenblättern, Stängelblättern, seneszenten Blättern, Blüten und Schoten mittels RT-PCR bestimmt [2.6.2.1].

Dabei zeigten sich für die verschiedenen AtNSPs unterschiedliche Expressionsmuster [Abb. 21]. Transkripte von *AtNSP1* und *AtNSP5* sind in den meisten untersuchten Geweben in unterschiedlicher Menge nachweisbar. Aus der Analyse der *Atnsp1*-Knockout-Linie wissen wir jedoch, dass nur AtNSP1 für die konstitutive und induzierte Nitrilbildung in Homogenaten von Rosettenblättern verantwortlich ist. In Microarray-Experimenten wurde eine Induktion von *AtNSP1*, *AtNSP3* und *AtNSP4* nach Eiablage durch *P. rapae* (Little et al., 2007) festgestellt. Jedoch kann dabei nicht zwischen diesen drei AtNSPs unterschieden werden, da sie durch die gleiche Sonde detektiert wurden. In dieser Arbeit wurden spezifische Primer entworfen, mit denen nun erstmals eine separate Betrachtung der Expression der teilweise sehr ähnlichen *AtNSPs* möglich ist. Hierbei zeigte sich, dass *AtNSP2* und *AtNSP3* hauptsächlich in Schoten exprimiert werden, während *AtNSP4* überwiegend in Wurzeln, aber auch in Keimlingen zu finden ist.

Die Expression der *AtNSPs* in Schoten könnte auf eine Verteidigungsfunktion für dieses für die Pflanze so wichtige Organ hindeuten. Für *P. brassicae* konnte in Fraßversuchen mit ganzen Pflanzen von *Brassica nigra* (L.) W.D.J.Koch (Brassicaceae) eine Präferenz von nährstoffreichen oberen Pflanzenorganen wie Blüten und Knospen gegenüber Rosettenblättern nachgewiesen werden (Smallegange et al., 2007). Die Larven können so im Vergleich zum Fraß auf Rosettenblätten mehr Energie pro Zeiteinheit aufnehmen, sind allerdings gegenüber Prädatoren stärker exponiert. Die durch AtNSPs entstehenden Nitrile scheinen zur direkten Verteidigung aufgrund der im Vergleich zu Isothiocyanaten geringeren Toxizität wenig geeignet, sie könnten jedoch zur indirekten Abwehr dienen und Feinde der Herbivoren anlocken. Auch die Nitrilbildung in den Wurzeln durch AtNSP4 könnte diesem Zweck dienen und Prädatoren wie Nematoden zu ihrer Beute führen.

AtNSPs könnten bei einem pflanzeninternen Glucosinolatabbau ohne Gewebeverletzung ebenfalls eine Rolle spielen. Der Glucosinolatgehalt in Samen ist vergleichsweise hoch, nimmt im Lauf der frühen Entwicklung zum Keimling jedoch ab (Petersen et al., 2002; Brown et al., 2003). Als möglicher Abbauweg würde zusammen mit Myrosinase aus den Glucosinolaten zunächst das Aglucon gebildet werden. In Anwesenheit von AtNSPs würden anstatt toxischer Isothiocyanate Nitrile entstehen, wobei beide Schwefelatome der Kernstruktur mobilisiert werden. Als weiteren Schritt könnten Nitrilasen die Hydrolyse der Nitrile katalysieren (Janowitz et al., 2009). Dies setzt eine Carbonsäure und den gebundenen Stickstoff als Ammoniak frei. Glucosinolate könnten damit zusätzlich zu ihrer Verteidigungsfunktion als Speicher für Nährstoffe dienen, welche durch den Abbauvorgang zum Wachstum mobilisiert werden. Für die Nitrilase NIT1 aus *A. thaliana* wurde inzwischen eine erhöhte Aktivität gegenüber Nitrilen aus Glucosinolaten festgestellt (Janowitz et al., 2009). Die in dieser Arbeit gezeigte Expression von mehreren *AtNSPs* in Schoten unterstützt diese Hypothese dieses Abbauweges zusätzlich, ein experimenteller Beweis ist bisher jedoch noch nicht erfolgt. Ungeklärt ist auch, wie Myrosinase in unverletztem Gewebe mit Glucosinolaten in Kontakt kommt. Experimente mit intakten *A. thaliana*-Pflanzen, welche die Myrosinase TGG4 überexprimieren, zeigten jedoch in Analysen mittels Flüssigchromatographie mit massenspektrometrischer Detektion (LC-MS) Verbindungen, welche bei einem internen Glucosinolatabbau und Zerfall der Glutathionkonjugate von Isothiocyanaten entstehen können (Bednarek et al., 2009). TGG4 wird zwar auch in Keimlingen exprimiert (Xu et al., 2004), eine mögliche Beteiligung am internen Abbau von Glucosinolaten bleibt jedoch unklar.

Das Glucosinolat-Myrosinase-Sytem und dessen Abbauprodukte spielen auch eine Rolle bei der Steuerung der Stomata. Die Myrosinase TGG1 wird in den Schließzellen von Rosettenblättern von *A. thaliana* stark exprimiert (Zhao et al., 2008). Durch Experimente mit *tgg1*-Knockout-Mutanten konnte gezeigt werden, dass TGG1 zwar nicht am durch Abscisinsäure induzierten Schließen der Stomata beteiligt ist, jedoch an der Inhibierung des lichtinduzierten Öffnungsvorgangs durch Abscisinsäure (Zhao et al., 2008). Weitere Versuche zeigten, dass die Myrosinasen TGG1 und TGG2 bei der Vermittlung des durch Abscisinsäure und Methyljasmonat induzierten Stomataschlusses redundante Funktionen übernehmen können. In den *tgg1*- und *tgg2*-Knockout-Mutanten wurde kein Unterschied zum Wildtyp Col-0 festgestellt, während der Stomataschluß im Doppelknockout-Mutanten *tgg1 tgg2* nicht induziert wurde (Islam et al., 2009). Für Hydrolyseprodukte wie Isothiocyanate wurde ebenfalls eine Beteiligung am Signalweg nachgewiesen. Applikation von Allylisothiocyanat führte bei *A. thaliana* Col-0 zu einem induzierten Schließen der Stomata (Khokon et al. 2011). Somit könnten auch die AtNSPs eine wichtige Funktion bei der Steuerung der Stomata übernehmen. Neueste Experimente weisen auf eine Induktion von *AtNSP5* durch Abscisinsäure hin, welche ebenfalls an der Steuerung der Stomata beteiligt ist (Böhmer und Schroeder, 2011). Durch dieses AtNSP könnte möglicherweise die am Signalweg beteiligte Menge an Isothiocyanat reguliert werden.

Die organspezifische Expression, das Induktionsverhalten nach Herbivorenfraß sowie eine in *in vitro*-Experimenten festgestellte gewisse Substratspezifität (Beena Ravindran, AG Wittstock, unveröffentlichte Ergebnisse) lassen unterschiedliche Funktionen der einzelnen AtNSPs vermuten. Um diese aufzuklären, sind jedoch weitere Untersuchungen notwendig. Verschiedene AtNSP-Knockout-Linien könnten in Versuchen eingesetzt und einzelne Organe bezüglich der Induzierbarkeit von *AtNSPs* durch Insektenfraß oder Pathogene getestet werden.

4.5 Schlussfolgerungen und Perspektiven

Obwohl viele Brassicaceen wie z. B. *L. sativum* hauptsächlich ein Glucosinolat produzieren, enthalten andere Pflanzen wie *A. thaliana* eine Vielfalt an Glucosinolaten, deren ökologischer Nutzen noch nicht gänzlich aufgeklärt ist. In dieser Arbeit konnten neue Erkenntnisse über die Bedeutung einzelner Glucosinolatklassen in der Abwehr gegen ausgewählte generalistische und spezialisierte Herbivoren gewonnen werden [Tab. 13]. Aus Sicht der Pflanze ist die Produktion unterschiedlicher Klassen von Glucosinolaten zur Abschreckung von Generalisten sinnvoll. Die verschiedenen Seitenketten erhöhen zusätzlich die Diversität der möglichen Hydrolyseprodukte, welche für eine selektive indirekte Abwehr von Bedeutung sein können. Als Nachteil zeigt sich diese Diversität bei Bedrohung durch Spezialisten wie *P. rapae*. Eine Kombination aus Glucosinolaten mit aliphatischer und indolischer Seitenkette ist für die Larven attraktiver als das Vorhandensein einzelner Klassen. Dagegen bietet zusätzliches Benzylglucosinolat einen guten universellen Schutz. Es wirkt abschreckend gegen die Raupen des Generalisten *S. exigua* und des Spezialisten *P. xylostella* (Sarosh et al., 2010). Während der Eiablage waren Pflanzen, welche zusätzlich Benzylglucosinolat produzierten, für *P. rapae* weniger attraktiv als der Wildtyp Col-0. Es kann jedoch keine allgemeine Aussage über eine generelle Wirksamkeit von einzelnen Glucosinolatklassen gegen Generalisten oder Spezialisten getroffen werden, da die Effekte artspezifisch sein können und in den durchgeführten Experimenten nur ausgewählte Arten untersucht wurden.

Auch eine durch mehrere Glucosinolatklassen „gut verteidigte“ Pflanze ist nicht gegen alle Fraßfeinde vollständig geschützt. Weitere Faktoren wie die Nährstoffverfügbarkeit, die am Standort auftretenden Herbivorenarten oder die umgebende Pflanzengemeinschaft können sich auswirken und die Anpassung der Pflanze aktuell und genetisch-langfristig beeinflussen. Das Verständnis der Aufgabe einzelner Glucosinolate könnte dazu beitragen, den Schutz von glucosinolathaltigen Nutzpflanzen gegen Schadorganismen zu optimieren. Die Identifizierung von wirksamen Einzelverbindungen erfordert jedoch weitere Untersuchungen.

Tab. 13: Die Wirkung von verschiedenen Glucosinolatklassen auf *P. rapae* und *S. exigua*

Zusammenfassend dargestellt ist der Einfluss von Glucosinolaten mit verschiedenen Seitenketten auf Futterwahl, Entwicklung und Eiablage des Spezialisten *P. rapae* sowie Futterwahl und Entwicklung des Generalisten *S. exigua*. +: attraktiv, positiver Einfluss, -: abschreckend, negativer Einfluss, o: kein bzw. schwacher Einfluss. Bei der Eiablagewahl von *P. rapae* wirkten indolische und aliphatische Glucosinolate für sich genommen nur in einem von zwei Einzelexperimenten signifikant attraktiver im Vergleich zur Vierfachknockout-Linie ohne aliphatische und indolische Glucosinolate (indolische Glucosinolate attraktiv nach De Vos et al 2008) Die Kombination beider Glucosinolatklassen in Col-0 wirkte gegenüber der Vierfachknockout-Linie in beiden Experimenten signifikant attraktiv. a: aus Müller et al. 2010

	Spezialist *Pieris rapae*			**Generalist** *Spodoptera exigua*	
Glucosinolat	Entwicklung	Futterwahl	Eiablagewahl	Entwicklung	Futterwahl
indolisch	o	+	+	– a	nicht untersucht
aliphatisch	+	+	+	– a	nicht untersucht
zusätzliches Benzylglucosinolat	o	o	–	–	–

Im Gegensatz zu anderen pflanzlichen Sekundärstoffen wie den Terpenen [1.2] wird beim Glucosinolat-Myrosinase-System die Diversität der gebildeten aktiven Produkte nicht allein von der Struktur der sekundären Pflanzenstoffe bestimmt. Unter Einfluss von spezifizierenden Proteinen kann die Vielfalt der aus verschiedenen Glucosinolaten gebildeten Hydrolyseprodukte zusätzlich erhöht werden. In dieser Arbeit konnte die Induzierbarkeit von *AtNSP1* in Rosettenblättern von *A. thaliana* Col-0 in Folge von Fraß von *P. rapae* und nachfolgend eine erhöhte Bildung von Nitril anstelle von Isothiocyanaten nachgewiesen werden. Eine gewebespezifische Expression von *AtNSP1-AtNSP5* deutet auf eine größere Rolle der Nitrile im Glucosinolat-Myrosinase-System hin als bisher angenommen. Verschiedene AtNSPs könnten in einzelnen Pflanzenorganen unterschiedliche Aufgaben haben, z. B. der Verteidigung der Wurzeln gegen unterirdische Herbivoren oder dem indirekten Schutz von Blättern durch Anlocken von Parasitoiden dienen. Die einzelnen Funktionen der verschiedenen AtNSPs konnten in dieser Arbeit nicht geklärt werden, es konnten jedoch Grundlagen für weitere Untersuchungen geschaffen werden.

5. Zusammenfassung

Das Glucosinolat-Myrosinase-System ist ein Verteidigungsmechanismus der Familie der Brassicaceae, welcher durch Gewebeverletzung aktiviert wird. Pflanzen können Glucosinolate mit verschiedenen Seitenketten synthetisieren, die nach der Hydrolyse spontan in Isothiocyanate oder unter Einfluss von spezifizierenden Proteinen auch in andere Produkte umgewandelt werden. Die Isothiocyanate sind hauptsächlich für die Toxizität des Systems verantwortlich. Zur Untersuchung der biologischen Wirkung von Glucosinolaten mit verschiedenen Seitenketten wurden transgene *Arabidopsis thaliana*-Linien verwendet, deren Glucosinolat-Biosynthese gezielt manipuliert wurde, sowie Kontrolllinien mit unverändertem Glucosinolatprofil. In Versuchen mit dem auf Brassicaceae spezialisierten Herbivoren *Pieris rapae* und dem Generalisten *Spodoptera exigua* wurde der Einfluss von Glucosinolaten mit aliphatischer und indolischer Seitenkette sowie von Benzylglucosinolat auf die Entwicklung und die Futterwahl der Herbivoren sowie das Eiablageverhalten adulter *P. rapae* untersucht.

Durch spezifizierende Proteine hat die Pflanze die Möglichkeit, den Ausgang der Hydrolysereaktion gezielt zu beeinflussen und außer Isothiocyanaten weitere Produkte wie Nitrile, Thiocyanate und Epithionitrile zu bilden. Die erst kürzlich entdeckten *A. thaliana* NSPs bewirken in der Pflanze die Bildung weniger giftiger Nitrile auf Kosten der Isothiocyanate. Mittels RT-PCR wurden die Transkriptionsniveaus von *AtNSP1-AtNSP5* in verschiedenen Pflanzenorganen sowie die Induzierbarkeit von *AtNSP1* durch den Spezialisten *P. rapae* untersucht.

Folgende Ergebnisse wurden erzielt:

1. Die Abwesenheit von Glucosinolaten mit aliphatischer und/oder indolischer Seitenkette in *A. thaliana*-Mutanten hatte keinen Einfluss auf die Larvalentwicklung von *P. rapae* bis zum Tag 10. Die Abwesenheit von Glucosinolaten mit aliphatischer Seitenkette hatte allerdings eine geringfügig längere Larvalphase zur Folge.

2. Die Anwesenheit von Glucosinolaten mit aliphatischer und/oder indolischer Seitenkette in der Nahrungspflanze erhöhte für *P. rapae* additiv die Akzeptanz von *A. thaliana* als Futterpflanze.

3. Pflanzen mit sehr geringen Mengen an Glucosinolaten erhielten von *P. rapae* weniger Eier im Vergleich zu Pflanzen mit unverändertem Gehalt an aliphatischen und/oder indolischen Glucosinolaten.

4. Auf transgenen Pflanzen, welche zusätzlich Benzylglucosinolat enthielten, entwickelte sich *S. exigua* schlechter als auf Kontrollpflanzen mit unverändertem Glucosinolatprofil. Das Wachstum von *P. rapae* wurde nur schwach beeinflusst.

5. Pflanzen, welche zusätzlich Benzylglucosinolat produzieren, wurden von *S. exigua* im Vergleich zu Kontrollpflanzen mit unverändertem Glucosinolatprofil als Nahrungspflanze abgelehnt. Die Wahl von *P. rapae* wurde nur schwach beeinflusst.

6. Pflanzen, welche zusätzlich Benzylglucosinolat produzieren, erhielten von *P. rapae* im Vergleich zur Kontrolle weniger Eier.

7. *AtNSP1* ist durch Fraß von *P. rapae* induzierbar und allein für die induzierte Nitrilbildung in Rosettenblättern von *A. thaliana* Col-0 verantwortlich.

8. *AtNSP1-AtNSP5* zeigen unterschiedliche Expressionsmuster in verschiedenen Organen von *A. thaliana* Col-0.

Zusammen mit ähnlichen Versuchen, in denen weitere Herbivoren untersucht wurden (Müller et. al. 2010), konnte gezeigt werden, dass Glucosinolate mit unterschiedlicher Seitenkette abhängig von der Spezies des Herbivoren einen wichtigen Beitrag zur Verteidigung von Pflanzen leisten können. Weiterhin konnte eine AtESP-unabhängige, induzierbare Nitrilbildung durch AtNSP1 in *A. thaliana* nachgewiesen werden. AtNSPs haben möglicherweise weitere bisher unbekannte Funktionen, die über eine Beteiligung an direkten und indirekten Verteidigungsmechanismen hinausgehen. Um diese zu untersuchen, sind jedoch weiterführende Experimente notwendig.

6. Literaturverzeichnis

Abdelgaleil S, Mohamed M, Badawy M, El-arami S (2009) Fumigant and Contact Toxicities of Monoterpenes to Sitophilus oryzae (L.) and Tribolium castaneum (Herbst) and their Inhibitory Effects on Acetylcholinesterase Activity. Journal of Chemical Ecology **35:** 518-525

Agelopoulos NG, Dicke M, Posthumus MA (1995) Role of volatile inforchemicals emitted by feces of larvae in host-searching behavior of parasitoid Cotesia rubecula (Hymenoptera: Braconidae): A behavioral and chemical study. Journal of Chemical Ecology **21:** 1789-1811

Agrawal AA, Kurashige NS (2003) A role for isothiocyanates in plant resistance against the specialist herbivore Pieris rapae. J Chem Ecol **29:** 1403-1415

Akhtar Y, Isman MB (2003) Larval exposure to oviposition deterrents alters subsequent oviposition behavior in generalist, Trichoplusia ni and specialist, Plutella xylostella moths. J Chem Ecol **29:** 1853-1870

Andersson J, Borg-Karlson AK, Wiklund C (2003) Antiaphrodisiacs in pierid butterflies: a theme with variation! J Chem Ecol **29:** 1489-1499

Arimura G-i, Ozawa R, Shimoda T, Nishioka T, Boland W, Takabayashi J (2000) Herbivory-induced volatiles elicit defence genes in lima bean leaves. Nature **406:** 512-515

Badenes-Perez FR, Reichelt M, Gershenzon J, Heckel DG (2011) Phylloplane location of glucosinolates in Barbarea spp. (Brassicaceae) and misleading assessment of host suitability by a specialist herbivore. New Phytol **189:** 549-556

Bak S, Tax FE, Feldmann KA, Galbraith DW, Feyereisen R (2001) CYP83B1, a cytochrome P450 at the metabolic branch point in auxin and indole glucosinolate biosynthesis in Arabidopsis. Plant Cell **13:** 101-111

Barth C, Jander G (2006) Arabidopsis myrosinases TGG1 and TGG2 have redundant function in glucosinolate breakdown and insect defense. Plant J **46:** 549-562

Bednarek P, Pislewska-Bednarek M, Svatos A, Schneider B, Doubsky J, Mansurova M, Humphry M, Consonni C, Panstruga R, Sanchez-Vallet A, Molina A, Schulze-Lefert P (2009) A glucosinolate metabolism pathway in living plant cells mediates broad-spectrum antifungal defense. Science **323:** 101-106

Beekwilder J, van Leeuwen W, van Dam NM, Bertossi M, Grandi V, Mizzi L, Soloviev M, Szabados L, Molthoff JW, Schipper B, Verbocht H, de Vos RC, Morandini P, Aarts MG, Bovy A (2008) The impact of the absence of aliphatic glucosinolates on insect herbivory in Arabidopsis. PLoS One **3:** e2068

Belovsky GE, Schmitz OJ, Slade JB, Dawson TJ (1991) Effects of spines and thorns on Australian arid zone herbivores of different body masses. Oecologia **88:** 521-528

Benderoth M, Pfalz M, Kroymann J (2009) Methylthioalkylmalate synthases: genetics, ecology and evolution. Phytochemistry Reviews **8:** 255-268

Bernardi R, Negri A, Ronchi S, Palmieri S (2000) Isolation of the epithiospecifier protein from oil-rape (Brassica napus ssp. oleifera) seed and its characterization. FEBS Lett **467:** 296-298

Bernays EA (1988) Host specificity in phytophagous insects: selection pressure from generalist predators. Entomologia Experimentalis et Applicata **49:** 131-140

Bernays EA, Minkenberg OPJM (1997) Insect herbivores: Different reasons for being a generalist. *In*, Vol 78, pp 1157-1169

Blau PA, Feeny P, Contardo L, Robson DS (1978) Allylglucosinolate and herbivorous caterpillars: a contrast in toxicity and tolerance. Science **200:** 1296-1298

Böhmer M, Schroeder JI (2011) Quantitative transcriptomic analysis of abscisic acid-induced and reactive oxygen species-dependent expression changes and proteomic profiling in Arabidopsis suspension cells. Plant J **67:** 105-118

Bones AM, Rossiter JT (1996) The myrosinase glucosinolate system, its organisation and biochemistry. Physiologia Plantarum **97:** 194-208

Bridges M, Jones AM, Bones AM, Hodgson C, Cole R, Bartlet E, Wallsgrove R, Karapapa VK, Watts N, Rossiter JT (2002) Spatial organization of the glucosinolate-myrosinase system in brassica specialist aphids is similar to that of the host plant. Proc Biol Sci **269:** 187-191

Brown PD, Tokuhisa JG, Reichelt M, Gershenzon J (2003) Variation of glucosinolate accumulation among different organs and developmental stages of Arabidopsis thaliana. Phytochemistry **62:** 471-481

Burow M, Bergner A, Gershenzon J, Wittstock U (2007) Glucosinolate hydrolysis in Lepidium sativum--identification of the thiocyanate-forming protein. Plant Mol Biol **63:** 49-61

Burow M, Losansky A, Müller R, Plock A, Kliebenstein DJ, Wittstock U (2009) The genetic basis of constitutive and herbivore-induced ESP-independent nitrile formation in Arabidopsis. Plant Physiol **149:** 561-574

Burow M, Markert J, Gershenzon J, Wittstock U (2006a) Comparative biochemical characterization of nitrile-forming proteins from plants and insects that alter myrosinase-catalysed hydrolysis of glucosinolates. Febs J **273:** 2432-2446

Burow M, Müller R, Gershenzon J, Wittstock U (2006b) Altered glucosinolate hydrolysis in genetically engineered Arabidopsis thaliana and its influence on the larval development of Spodoptera littoralis. J Chem Ecol **32:** 2333-2349

Buskov S, Serra B, Rosa E, Sorensen H, Sorensen JC (2002) Effects of intact glucosinolates and products produced from glucosinolates in myrosinase-catalyzed hydrolysis on the potato cyst nematode (Globodera rostochiensis Cv. Woll). J Agric Food Chem **50:** 690-695

Byers JA (1982) Male-specific conversion of the host plant compound, myrcene, to the pheromone, (+)-ipsdienol, in the bark beetle, Dendroctonus brevicomis. Journal of Chemical Ecology **8:** 363-371

Calzada F, Barbosa E, Cedillo-Rivera R (2003) Antiamoebic activity of benzyl glucosinolate from Lepidium virginicum. Phytotherapy Research **17**: 618-619

Chen S, Glawischnig E, Jorgensen K, Naur P, Jorgensen B, Olsen CE, Hansen CH, Rasmussen H, Pickett JA, Halkier BA (2003) CYP79F1 and CYP79F2 have distinct functions in the biosynthesis of aliphatic glucosinolates in Arabidopsis. Plant J **33:** 923-937

Clay NK, Adio AM, Denoux C, Jander G, Ausubel FM (2009) Glucosinolate Metabolites Required for an Arabidopsis Innate Immune Response. *In*, Vol 323, pp 95-101

Coley PD, Bryant JP, Chapin FS, 3rd (1985) Resource availability and plant antiherbivore defense. Science **230:** 895-899

Croteau R, Loomis WD (1972) Biosynthesis of mono- and sesquiterpenes in peppermint from mevalonate-2-14C. Phytochemistry **11:** 1055-1066

Croteau R, Loomis WD (1973) Biosynthesis of squalene and other triterpenes in Mentha piperita from mevalonate-2-14C. Phytochemistry **12:** 1957-1965

Dambolena JS, López AG, Cánepa MC, Theumer MG, Zygadlo JA, Rubinstein HR (2008) Inhibitory effect of cyclic terpenes (limonene, menthol, menthone and thymol) on Fusarium verticillioides MRC 826 growth and fumonisin B1 biosynthesis. Toxicon **51:** 37-44

De Vos M, Jander G (2009) Myzus persicae (green peach aphid) salivary components induce defence responses in Arabidopsis thaliana. Plant Cell Environ **32:** 1548-1560

De Vos M, Kriksunov KL, Jander G (2008) Indole-3-acetonitrile production from indole glucosinolates deters oviposition by Pieris rapae. Plant Physiol **146:** 916-926

Degenhardt J, Köllner TG, Gershenzon J (2009) Monoterpene and sesquiterpene synthases and the origin of terpene skeletal diversity in plants. Phytochemistry **70:** 1621-1637

Dicke M, Baldwin IT (2010) The evolutionary context for herbivore-induced plant volatiles: beyond the 'cry for help'. Trends Plant Sci **15:** 167-175

Divol F, Vilaine F, Thibivilliers S, Kusiak C, Sauge MH, Dinant S (2007) Involvement of the xyloglucan endotransglycosylase/hydrolases encoded by celery XTH1 and Arabidopsis XTH33 in the phloem response to aphids. Plant Cell Environ **30:** 187-201

Dudareva N, Andersson S, Orlova I, Gatto N, Reichelt M, Rhodes D, Boland W, Gershenzon J (2005) The nonmevalonate pathway supports both monoterpene and sesquiterpene formation in snapdragon flowers. *In*, Vol 102, pp 933-938

Ehrlich PR, Raven PH (1964) Butterflies and Plants: A Study in Coevolution. Evolution **19:** 586-608

Eisner T, Johnessee JS, Carrel J, Hendry LB, Meinwald J (1974) Defensive Use by an Insect of a Plant Resin. *In*, Vol 184, pp 996-999

Erb M, Foresti N, Turlings TC (2010) A tritrophic signal that attracts parasitoids to host-damaged plants withstands disruption by non-host herbivores. BMC Plant Biol **10:** 247

Erbilgin N, Krokene P, Christiansen E, Zeneli G, Gershenzon J (2006) Exogenous application of methyl jasmonate elicits defenses in Norway spruce (Picea abies) and reduces host colonization by the bark beetle Ips typographus. Oecologia **148:** 426-436

Fahey JW, Zalcmann AT, Talalay P (2001) The chemical diversity and distribution of glucosinolates and isothiocyanates among plants. Phytochemistry **56:** 5-51

Fatouros NE, Huigens ME, van Loon JJA, Dicke M, Hilker M (2005) Chemical communication: Butterfly anti-aphrodisiac lures parasitic wasps. Nature **433:** 704-704

Foo HL, Gronning LM, Goodenough L, Bones AM, Danielsen B, Whiting DA, Rossiter JT (2000) Purification and characterisation of epithiospecifier protein from Brassica napus: enzymic intramolecular sulphur addition within alkenyl thiohydroximates derived from alkenyl glucosinolate hydrolysis. FEBS Lett **468:** 243-246

Frank T, Biert K, Speiser B (2002) Feeding deterrent effect of carvone, a compound from caraway seeds, on the slug Arion lusitanicus. Annals of Applied Biology **141:** 93-100

Frost CJ, Appel HM, Carlson JE, De Moraes CM, Mescher MC, Schultz JC (2007) Within-plant signalling via volatiles overcomes vascular constraints on systemic signalling and primes responses against herbivores. Ecology Letters **10:** 490-498

Gigolashvili T, Berger B, Mock HP, Müller C, Weisshaar B, Flugge UI (2007) The transcription factor HIG1/MYB51 regulates indolic glucosinolate biosynthesis in Arabidopsis thaliana. Plant J **50:** 886-901

Glawischnig E, Hansen BG, Olsen CE, Halkier BA (2004) Camalexin is synthesized from indole-3-acetaldoxime, a key branching point between primary and secondary metabolism in Arabidopsis. Proc Natl Acad Sci U S A **101:** 8245-8250

Hairston NG, Smith FE, Slobodkin LB (1960) Community structure, population control, and competition. American Naturalist **94:** 421-425

Halkier BA, Gershenzon J (2006) Biology and biochemistry of glucosinolates. Annu Rev Plant Biol **57:** 303-333

Hamamura Y (1959) Food Selection by Silkworm Larvae. Nature **183:** 1746-1747

Hansen CH, Wittstock U, Olsen CE, Hick AJ, Pickett JA, Halkier BA (2001) Cytochrome p450 CYP79F1 from arabidopsis catalyzes the conversion of dihomomethionine and trihomomethionine to the corresponding aldoximes in the biosynthesis of aliphatic glucosinolates. J Biol Chem **276:** 11078-11085

Harborne JB (1995) Ökologische Biochemie. Spektrum Akademischer Verlag, Heidelberg

Hartmann T (2007) From waste products to ecochemicals: fifty years research of plant secondary metabolism. Phytochemistry **68:** 2831-2846

Hartmann T, Theuring C, Schmidt J, Rahier M, Pasteels JM (1999) Biochemical strategy of sequestration of pyrrolizidine alkaloids by adults and larvae of chrysomelid leaf beetles. J Insect Physiol **45:** 1085-1095

Heil M (2002) Ecological costs of induced resistance. Curr Opin Plant Biol **5:** 345-350

Herms DA, Mattson WJ (1992) The dilemma of plants: To grow or defend. The Quarterly Review of Biology **67:** 283-335

Holzinger F, Frick C, Wink M (1992) Molecular basis for the insensitivity of the Monarch (Danaus plexippus) to cardiac glycosides. FEBS Lett **314:** 477-480

Hruz T, Laule O, Szabo G, Wessendorp F, Bleuler S, Oertle L, Widmayer P, Gruissem W, Zimmermann P (2008) Genevestigator v3: a reference expression database for the meta-analysis of transcriptomes. Adv Bioinformatics **2008:** 420747

Huang X, Renwick JAA (1994) Relative activities of glucosinolates as oviposition stimulants for Pieris rapae and P. napi oleracea. Journal of Chemical Ecology **20:** 1025-1037

Hull AK, Vij R, Celenza JL (2000) Arabidopsis cytochrome P450s that catalyze the first step of tryptophan-dependent indole-3-acetic acid biosynthesis. Proc Natl Acad Sci U S A **97:** 2379-2384

Hummelbrunner LA, Isman MB (2001) Acute, sublethal, antifeedant, and synergistic effects of monoterpenoid essential oil compounds on the tobacco cutworm, Spodoptera litura (Lep., Noctuidae). J Agric Food Chem **49:** 715-720

Husebye H, Chadchawan S, Winge P, Thangstad OP, Bones AM (2002) Guard cell- and phloem idioblast-specific expression of thioglucoside glucohydrolase 1 (myrosinase) in Arabidopsis. Plant Physiol **128:** 1180-1188

Islam MM, Tani C, Watanabe-Sugimoto M, Uraji M, Jahan MS, Masuda C, Nakamura Y, Mori IC, Murata Y (2009) Myrosinases, TGG1 and TGG2, redundantly function in ABA and MeJA signaling in Arabidopsis guard cells. Plant Cell Physiol **50:** 1171-1175

Ito K, Sakai S (2009) Optimal defense strategy against herbivory in plants: conditions selecting for induced defense, constitutive defense, and no-defense. J Theor Biol **260:** 453-459

Janowitz T, Trompetter I, Piotrowski M (2009) Evolution of nitrilases in glucosinolate-containing plants. Phytochemistry **70:** 1680-1686

Karban R, Maron J, Felton GW, Ervin G, Eichenseer H (2003) Herbivore damage to sagebrush induces resistance in wild tobacco: evidence for eavesdropping between plants. Oikos **100:** 325-332

Kawagoe T, Kudoh H (2010) Escape from floral herbivory by early flowering in *Arabidopsis halleri* subsp. *gemmifera*. Oecologia **164:** 713-720

Kelly PJ, Bones A, Rossiter JT (1998) Sub-cellular immunolocalization of the glucosinolate sinigrin in seedlings of Brassica juncea. Planta **206:** 370-377

Kessler A, Baldwin IT (2001) Defensive function of herbivore-induced plant volatile emissions in nature. Science **291:** 2141-2144

Kessler A, Baldwin IT (2002) Plant responses to insect herbivory: the emerging molecular analysis. Annu Rev Plant Biol **53:** 299-328

Kessler A, Halitschke R, Diezel C, Baldwin IT (2006) Priming of plant defense responses in nature by airborne signaling between Artemisia tridentata and Nicotiana attenuata. Oecologia **148:** 280-292

Khokon AR, Jahan S, Rahman T, Hossain MA, Muroyama D, Minami I, Munemasa S, Mori IC, Nakamura Y, Murata Y (2011) Allyl isothiocyanate (AITC) induces stomatal closure in Arabidopsis. Plant Cell Environ

Kim JH, Jander G (2007) Myzus persicae (green peach aphid) feeding on Arabidopsis induces the formation of a deterrent indole glucosinolate. Plant J **49:** 1008-1019

Kim JH, Lee BW, Schroeder FC, Jander G (2008) Identification of indole glucosinolate breakdown products with antifeedant effects on Myzus persicae (green peach aphid). Plant J **54:** 1015-1026

Kliebenstein DJ, Kroymann J, Brown P, Figuth A, Pedersen D, Gershenzon J, Mitchell-Olds T (2001) Genetic control of natural variation in Arabidopsis glucosinolate accumulation. Plant Physiol **126:** 811-825

Knudsen J, Eriksson R, Gershenzon J, Ståhl B (2006) Diversity and distribution of floral scent. The Botanical Review **72:** 1-120

Koroleva OA, Davies A, Deeken R, Thorpe MR, Tomos AD, Hedrich R (2000) Identification of a new glucosinolate-rich cell type in Arabidopsis flower stalk. Plant Physiol **124:** 599-608

Lambrix V, Reichelt M, Mitchell-Olds T, Kliebenstein DJ, Gershenzon J (2001) The Arabidopsis epithiospecifier protein promotes the hydrolysis of glucosinolates to nitriles and influences Trichoplusia ni herbivory. Plant Cell **13:** 2793-2807

Lankau RA (2007) Specialist and generalist herbivores exert opposing selection on a chemical defense. New Phytol **175:** 176-184

Li Q, Eigenbrode SD, Stringam GR, Thiagarajah MR (2000) Feeding and Growth of Plutella xylostella and Spodoptera eridania on Brassica juncea with Varying Glucosinolate Concentrations and Myrosinase Activities. Journal of Chemical Ecology **26:** 2401-2419

Little D, Gouhier-Darimont C, Bruessow F, Reymond P (2007) Oviposition by pierid butterflies triggers defense responses in Arabidopsis. Plant Physiol **143:** 784-800

Losansky A (2008) Glucosinolathydrolyse in Arabidopsis thaliana: Charakterisierung von Linien und mutierten Genen für Myrosinase-bindende Proteine. Diplomarbeit, Technische Universität Braunschweig, Institut für Pharmazeutische Biologie

Lucas PW, Turner IM, Dominy NJ, Yamashita N (2000) Mechanical Defences to Herbivory. *In*, Vol 86, pp 913-920

Matile P (1980) The Mustard Oil Bomb - Compartimentation of the Myrosinase System. Biochemie und Physiologie der Pflanzen **175:** 722-731

Matusheski NV, Swarup R, Juvik JA, Mithen R, Bennett M, Jeffery EH (2006) Epithiospecifier protein from broccoli (Brassica oleracea L. ssp. italica) inhibits formation of the anticancer agent sulforaphane. J Agric Food Chem **54:** 2069-2076

Mawson R, Heaney RK, Zdunczyk Z, Kozlowska H (1994) Rapeseed meal-glucosinolates and their antinutritional effects. Part 4. Goitrogenicity and internal organs abnormalities in animals. Nahrung **38:** 178-191

Mikkelsen MD, Hansen CH, Wittstock U, Halkier BA (2000) Cytochrome P450 CYP79B2 from Arabidopsis catalyzes the conversion of tryptophan to indole-3-acetaldoxime, a precursor of indole glucosinolates and indole-3-acetic acid. J Biol Chem **275:** 33712-33717

Miles CI, Campo MLd, Renwick JAA (2005) Behavioral and chemosensory responses to a host recognition cue by larvae of Pieris rapae. Journal of Comparative Physiology A: Neuroethology, Sensory, Neural, and Behavioral Physiology **191:** 147-155

Mithen R (2001) Glucosinolates – biochemistry, genetics and biological activity. Plant Growth Regulation **34:** 91-103

Mithen RF, Lewis BG, Fenwick GR (1986) In vitro activity of glucosinolates and their products against Leptosphaeria maculans. Transactions of the British Mycological Society **87:** 433-440

Mittler R (2006) Abiotic stress, the field environment and stress combination. Trends Plant Sci **11:** 15-19

Morgan ED (2009) Azadirachtin, a scientific gold mine. Bioorganic & Medicinal Chemistry **17:** 4096-4105

Müller C, Agerbirk N, Olsen CE, Boevé JL, Schaffner U, Brakefield PM (2001) Sequestration of host plant glucosinolates in the defensive hemolymph of the sawfly Athalia rosae. J Chem Ecol **27:** 2505-2516

Müller C, Riederer M (2005) Plant surface properties in chemical ecology. J Chem Ecol **31:** 2621-2651

Mueller NJL, CA, US) (2002) Heaven scent. United States Patent Application 20020071877

Müller R (2005) Untersuchung der Effekte von Glucosinolathydrolyseprodukten auf Lepidopterenlarven. Diplomarbeit, Friedrich Schiller Universität Jena, Max Planck Institut für Chemische Ökologie, Jena

Müller R, de Vos M, Sun JY, Sønderby IE, Halkier BA, Wittstock U, Jander G (2010) Differential effects of indole and aliphatic glucosinolates on lepidopteran herbivores. J Chem Ecol **36:** 905-913

Mumm R, Burow M, Bukovinszkine'kiss G, Kazantzidou E, Wittstock U, Dicke M, Gershenzon J (2008) Formation of simple nitriles upon glucosinolate hydrolysis affects direct and indirect defense against the specialist herbivore, Pieris rapae. J Chem Ecol **34:** 1311-1321

Ng JC, Perry KL (2004) Transmission of plant viruses by aphid vectors. Mol Plant Pathol **5:** 505-511

Noret N, Meerts P, Tolrà R, Poschenrieder C, Barceló J, Escarre J (2005) Palatability of Thlaspi caerulescens for snails: influence of zinc and glucosinolates. New Phytologist **165:** 763-772

Ntalli NG, Ferrari F, Giannakou I, Menkissoglu-Spiroudi U (2010) Phytochemistry and Nematicidal Activity of the Essential Oils from 8 Greek Lamiaceae Aromatic Plants and 13 Terpene Components. Journal of Agricultural and Food Chemistry **58:** 7856-7863

Opitz SEW, Mix A, Winde IB, Müller C (2011) Inside Cover: Desulfation Followed by Sulfation: Metabolism of Benzylglucosinolate in Athalia rosae (Hymenoptera: Tenthredinidae) (ChemBioChem 8/2011). ChemBioChem **12:** 1138-1138

Petersen BL, Chen S, Hansen CH, Olsen CE, Halkier BA (2002) Composition and content of glucosinolates in developing Arabidopsis thaliana. Planta **214:** 562-571

Phillips MA, Croteau RB (1999) Resin-based defenses in conifers. Trends in Plant Science **4:** 184-190

Popp C, Burghardt M, Friedmann A, Riederer M (2005) Characterization of hydrophilic and lipophilic pathways of Hedera helix L. cuticular membranes: permeation of water and uncharged organic compounds. *In*, Vol 56, pp 2797-2806

Rask L, Andreasson E, Ekbom B, Eriksson S, Pontoppidan B, Meijer J (2000) Myrosinase: gene family evolution and herbivore defense in Brassicaceae. Plant Mol Biol **42:** 93-113

Rasmann S, Köllner TG, Degenhardt J, Hiltpold I, Toepfer S, Kuhlmann U, Gershenzon J, Turlings TCJ (2005) Recruitment of entomopathogenic nematodes by insect-damaged maize roots. Nature **434:** 732-737

Ratzka A, Vogel H, Kliebenstein DJ, Mitchell-Olds T, Kroymann J (2002) Disarming the mustard oil bomb. Proc Natl Acad Sci U S A **99:** 11223-11228

Reifenrath K, Riederer M, Müller C (2005) Leaf surface wax layers of Brassicaceae lack feeding stimulants for Phaedon cochleariae. Entomologia Experimentalis et Applicata **115:** 41-50

Renwick JAA, Lopez K (1999) Experience-based food consumption by larvae of Pieris rapae: addiction to glucosinolates? Entomologia Experimentalis et Applicata **91:** 51-58

Renwick JAA, Radke CD, Sachdev-Gupta K, Städler E (1992) Leaf surface chemicals stimulating oviposition by Pieris rapae (Lepidoptera: Pieridae) on cabbage. Chemoecology **3:** 33-38

Rodman JE, Karol GK, Price RA, Sytsma KJ (1996) Molecules, morphology, and Dahlgren´s expanded order Capparales. Systematic Botany **21:** 289-307

Rohloff J, Bones AM (2005) Volatile profiling of Arabidopsis thaliana - putative olfactory compounds in plant communication. Phytochemistry **66:** 1941-1955

Rohmer M (1999) The discovery of a mevalonate-independent pathway for isoprenoid biosynthesis in bacteria, algae and higher plants. Natural Product Reports **16:** 565-574

Romagni JG, Allen SN, Dayan FE (2000) Allelopathic Effects of Volatile Cineoles on Two Weedy Plant Species. Journal of Chemical Ecology **26:** 303-313

Sarfraz M, Dosdall LM, Keddie BA (2006) Diamondback moth–host plant interactions: Implications for pest management. Crop Protection **25:** 625-639

Sarosh BR, Wittstock U, Halkier BA, Ekbom B (2010) The influence of metabolically engineered glucosinolates profiles in Arabidopsis thaliana on Plutella xylostella preference and performance. Chemoecology **20:** 1-9

Schläppi K, Bodenhausen N, Buchala A, Mauch F, Reymond P (2008) The glutathione-deficient mutant pad2-1 accumulates lower amounts of glucosinolates and is more susceptible to the insect herbivore Spodoptera littoralis. Plant J **55:** 774-786

Schmid A, Schmid H (1992) Rapsvergiftung wildlebender Pflanzenfresser. tierärztl. Prax. **20:** 321-325

Seo ST, Tang C-S (1982) Hawaiian Fruit Flies (Diptera: Tephritidae): Toxicity of Benzyl Isothiocyanate against Eggs or 1st Instars of Three Species. Journal of Economic Entomology **75:** 1132-1135

Sequeira L (1983) Mechanisms of induced resistance in plants. Annu Rev Microbiol **37:** 51-79

Shikano I, Isman MB (2009) A sensitive period for larval gustatory learning influences subsequent oviposition choice by the cabbage looper moth. Animal Behaviour **77:** 247-251

Smallegange RC, van Loon JJ, Blatt SE, Harvey JA, Agerbirk N, Dicke M (2007) Flower vs. leaf feeding by Pieris brassicae: glucosinolate-rich flower tissues are preferred and sustain higher growth rate. J Chem Ecol **33:** 1831-1844

Soderlund D (2011) Molecular mechanisms of pyrethroid insecticide neurotoxicity: recent advances. Archives of Toxicology**:** 1-17

Sønderby IE, Geu-Flores F, Halkier BA (2010) Biosynthesis of glucosinolates--gene discovery and beyond. Trends Plant Sci **15:** 283-290

Sønderby IE, Hansen BG, Bjarnholt N, Ticconi C, Halkier BA, Kliebenstein DJ (2007) A systems biology approach identifies a R2R3 MYB gene subfamily with distinct and overlapping functions in regulation of aliphatic glucosinolates. PLoS One **2:** e1322

Stauber EJ, Kuczka P, van Ohlen M, Vogt B, Janowitz T, Piotrowski M, Beuerle T, Wittstock U (2012) Turning the "Mustard Oil Bomb" into a "Cyanide Bomb": Aromatic Glucosinolate Metabolism in a Specialist Insect Herbivore. PLoS One **7:** e35545

Städler E, Renwick JAA, Radke CD, Sachdev-Gupta K (1995) Tarsal contact chemoreceptor response to glucosinolates and cardenolides mediating oviposition in Pieris rape. Physiological Entomology **20:** 175-187

Stefanazzi N, Stadler T, Ferrero A (2011) Composition and toxic, repellent and feeding deterrent activity of essential oils against the stored-grain pests Tribolium castaneum (Coleoptera: Tenebrionidae) and Sitophilus oryzae (Coleoptera: Curculionidae). Pest Management Science **67:** 639-646

Strauss SY, Agrawal AA (1999) The ecology and evolution of plant tolerance to herbivory. Trends Ecol Evol **14:** 179-185

Strauss SY, Rudgers JA, Lau JA, Irwin RE (2002) Direct and ecological costs of resistance to herbivory. Trends in Ecology & Evolution **17:** 278-285

Sun J, Sønderby I, Halkier B, Jander G, de Vos M (2009) Non-Volatile Intact Indole Glucosinolates are Host Recognition Cues for Ovipositing Plutella xylostella. Journal of Chemical Ecology **35:** 1427-1436

Thies W (1988) Isolation of Sinigrin and Glucotropaeolin from Cruciferous Seeds. Fat Sci Technol **90:** 311-314

Thomas FM, Blank R, Hartmann G (2002) Abiotic and biotic factors and their interactions as causes of oak decline in Central Europe. Forest Pathology **32:** 277-307

Tierens KF, Thomma BP, Brouwer M, Schmidt J, Kistner K, Porzel A, Mauch-Mani B, Cammue BP, Broekaert WF (2001) Study of the role of antimicrobial glucosinolate-derived isothiocyanates in resistance of Arabidopsis to microbial pathogens. Plant Physiol **125:** 1688-1699

Tookey HL (1973) Crambe thioglucoside glucohydrolase (EC 3.2.3.1): separation of a protein required for epithiobutane formation. Can J Biochem **51:** 1654-1660

Turlings TC, Tumlinson JH (1992) Systemic release of chemical signals by herbivore-injured corn. *In*, Vol 89, pp 8399-8402

Valverde PL, Fornoni J, Núñez-Farfán J (2001) Defensive role of leaf trichomes in resistance to herbivorous insects in Datura stramonium. Journal of Evolutionary Biology **14:** 424-432

van Loon JJA, Zhu Wang C, Kvist Nielsen J, Gols R, Tong Qiu Y (2002) Flavonoids from cabbage are feeding stimulants for diamondback moth larvae additional to glucosinolates: Chemoreception and behaviour. Entomologia Experimentalis et Applicata **104:** 27-34

Verschaffelt E (1910) The cause determining the selection of food in some herbivorous insects. Proc. R. Acad. Amst. **13:** 536-542

Vetter J (2000) Plant cyanogenic glycosides. Toxicon **38:** 11-36

Winde I (2011) Entgiftung des Glucosinolat-Myrosinase-Systems durch generalistische Herbivoren der Lepidoptera. Dissertation, Technische Universität Braunschweig, Institut für Pharmazeutische Biologie

Winde I, Wittstock U (2011) Insect herbivore counteradaptations to the plant glucosinolate-myrosinase system. Phytochemistry

Wittstock U, Agerbirk N, Stauber EJ, Olsen CE, Hippler M, Mitchell-Olds T, Gershenzon J, Vogel H (2004) Successful herbivore attack due to metabolic diversion of a plant chemical defense. Proc Natl Acad Sci U S A **101:** 4859-4864

Wittstock U, Burow M (2007) Tipping the scales--specifier proteins in glucosinolate hydrolysis. IUBMB Life **59:** 744-751

Wittstock U, Gershenzon J (2002) Constitutive plant toxins and their role in defense against herbivores and pathogens. Curr Opin Plant Biol **5:** 300-307

Wittstock U, Halkier BA (2000) Cytochrome P450 CYP79A2 from Arabidopsis thaliana L. Catalyzes the conversion of L-phenylalanine to phenylacetaldoxime in the biosynthesis of benzylglucosinolate. J Biol Chem **275:** 14659-14666

Wittstock U, Halkier BA (2002) Glucosinolate research in the Arabidopsis era. Trends Plant Sci **7:** 263-270

Wittstock U, Kliebenstein DJ, Lambrix V, Reichelt M, Gershenzon J, John TR (2003) Chapter five Glucosinolate hydrolysis and its impact on generalist and specialist insect herbivores. *In* Recent Advances in Phytochemistry, Vol Volume 37. Elsevier, pp 101-125

Wood DL (1982) The Role of Pheromones, Kairomones, and Allomones in the Host Selection and Colonization Behavior of Bark Beetles. *In*, Vol 27, pp 411-446

Xu Z, Escamilla-Trevino L, Zeng L, Lalgondar M, Bevan D, Winkel B, Mohamed A, Cheng CL, Shih MC, Poulton J, Esen A (2004) Functional genomic analysis of Arabidopsis thaliana glycoside hydrolase family 1. Plant Mol Biol **55:** 343-367

Zangerl AR, Hamilton JG, Miller TJ, Crofts AR, Oxborough K, Berenbaum MR, de Lucia EH (2002) Impact of folivory on photosynthesis is greater than the sum of its holes. Proc Natl Acad Sci U S A **99:** 1088-1091

Zhao Y, Hull AK, Gupta NR, Goss KA, Alonso J, Ecker JR, Normanly J, Chory J, Celenza JL (2002) Trp-dependent auxin biosynthesis in Arabidopsis: involvement of cytochrome P450s CYP79B2 and CYP79B3. Genes Dev **16:** 3100-3112

Zhao Z, Zhang W, Stanley BA, Assmann SM (2008) Functional proteomics of Arabidopsis thaliana guard cells uncovers new stomatal signaling pathways. Plant Cell **20:** 3210-3226

7. Anhang

Die Biologie der Versuchsorganismen

Pieris rapae

Für die Fraßversuche wurde als Spezialist für glucosinolathaltige Pflanzen der Kleine Kohlweißling, *P. rapae,* als bedeutender Schädling von Nutzpflanzen wie zum Beispiel Weißkohl ausgewählt. Er ist in Europa sowie Nordafrika verbreitet und in Deutschland der am häufigsten auftretende Tagfalter. Durch Einschleppung über Gemüsetransporte ist er inzwischen fast überall dort zu finden, wo seine Futterpflanzen angebaut werden. Die 1 mm großen Eier werden von den Faltern einzeln auf der Futterpflanze abgelegt [Abb. 5a]. Nach etwa drei bis vier Tagen schlüpfen daraus etwa 1-2 mm große, zunächst weiße Larven, welche nach Aufnahme von Pflanzenmaterial schnell eine hellgrüne Färbung annehmen. Im späteren Verlauf der Larvalentwicklung ändert sie sich zu dunkelgrün mit gelber Seitenzeichnung und es tritt eine dichte, kurze Behaarung auf [Abb. 5b]. Bei einem Gewicht von etwa 200 mg, das nach etwa zwölf Tagen erreicht ist, suchen die Larven den Verpuppungsort auf und fixieren sich dort an drei Punkten mittels gesponnener Fäden. Einen Tag später ist die Puppe ausgehärtet und von brauner oder grüner Farbe [Abb. 5c]. Nach etwa acht Tagen ist die Metamorphose abgeschlossen und der Schlupf des Falters beginnt. Die Falter weisen eine weiße Färbung mit dunkler Zeichnung auf und haben eine Flügelspannweite von etwa 5 cm [Abb. 5d].

Spodoptera exigua

Als generalistischer Herbivor wurde für die Fraßexperimente die Zuckerrübeneule, *S. exigua,* verwendet. Diese aus Asien stammende Art wurde inzwischen über den Gemüsehandel in alle Länder eingeschleppt, in denen auch die Futterpflanzen angebaut werden. Zu den Wirtspflanzen der äußerst polyphagen Larven von *S. exigua* gehören viele Kulturpflanzen wie Tomate, Baumwolle, Tabak und Kartoffel, sowie Vertreter der Familie Brassicaceae.

Dieser Schädling ist immer schwieriger zu bekämpfen, da manche *S. exigua*-Populationen inzwischen extrem resistent gegen Pestizide geworden sind. Von den adulten Weibchen werden die 0,5 mm langen Eier in großer Anzahl auf der Wirtspflanze abgelegt und mit hellen Haaren aus dem Abdomen bedeckt. Die jungen Larven sind nach dem Schlupf 2-3 mm lang und von weißer Farbe. Später nehmen sie eine dorsal dunkel- und ventral hellgrüne Färbung an, getrennt durch einen gelben Seitenstreifen. Von *S. exigua* sind fünf Larvenstadien bekannt. Ältere Larven werden bis zu 3 cm lang [Abb. 6a]. Unmittelbar vor der Verpuppung gräbt sich die Larve in den Boden ein. Aus den hellbraunen, etwa 1,5-2 cm langen Puppen schlüpfen Motten mit einer Länge von 1,5-2 cm und einer Flügelspannweite von 2,5-3,5 cm. Die Flügel sind braun gefärbt mit heller Zeichnung [Abb. 6b]. Aufgrund des hohen Polyphagiegrads der Larven und ihrer problemlosen Kultivierung auf künstlichen Nahrungsmischungen (z. B. auf Bohnenbasis) finden Arten der Gattung Spodoptera in wissenschaftlichen Untersuchungen häufig Verwendung. Da sie als Generalisten über diverse Entgiftungsmechanismen verfügen und so wenig anfällig gegenüber Pestiziden sind, werden die Tiere auch für Toxizitätstests verwendet. Zeigt sich bei diesen Larven eine Wirksamkeit der getesteten Verbindungen, ist diese auch gegenüber anderen weniger resistenten Schadinsekten wahrscheinlich (Müller, 2005).

Arabidopsis thaliana

Die Ackerschmalwand, *A. thaliana*, ist im 16. Jahrhundert erstmals beschrieben worden. Es handelt sich um eine Rosettenpflanze, die kosmopolitisch in den gemäßigten Klimazonen verbreitet ist. Typische Standorte sind offene, sandige Böden oder lockere Magerrasen. Die einjährige Pflanze wird 5-30 cm hoch [Abb. 7a]. Zur Hauptblütezeit (April bis Mai) trägt *A. thaliana* weiße Blüten von etwa 4 mm Durchmesser [Abb. 7b]. Nach der Selbstbestäubung kommt es zur Ausbildung von 1-2 cm langen Schotenfrüchten [Abb. 7c] (Müller, 2005).